编程真好玩

6岁开始学Scratch

〔英〕乔恩·伍德科克 等 著　　余宙华 译

南海出版公司

新经典文化股份有限公司
www.readinglife.com
出　品

作者 乔恩·伍德科克（Jon Woodcock）

牛津大学物理学学士、伦敦大学天体物理学博士。8 岁开始编程，从单片机到世界一流的超级计算机，他为各种不同类型的计算机编写过程序，内容涉及太空模拟、智能机器人等。乔恩对于科技教育充满热情，在学校开设了关于太空和计算机编程的讲座，出版了 DK 的《编程真好玩》《为孩子们写的编程书》《电脑编程轻松学》等编程系列作品。

作者 克雷格·斯蒂尔（Craig Steele）

计算机科学教育专家。他是苏格兰 Coder Dojo 项目的负责人，这个项目为年轻人运营免费的编程俱乐部。克雷格曾为树莓派基金会、格拉斯哥科学中心、BBC 的 micro：bit 项目等多个机构工作。

译者 余宙华

浙江大学学士，北京大学信息科学专业硕士。2009 年创办少儿编程教育机构"阿儿法营"。2010 年至今，在北京育才学校、首师大附小、中关村二小等学校讲授少儿编程课程。2012 年成为中国科技馆特聘教师。2015 年应中国科协邀请，共同发起"探索计划"，担任"探索计划"教案主要研发人及主讲人，致力于在中国普及少儿创意编程。

推荐序

那些创造了当今数字世界的大咖们，大多数都是因为享受编写游戏的快乐而起步的。比尔·盖茨，微软公司联合创始人，在13岁的时候写出了他的第一个计算机程序——一个井字游戏。仅仅在几年之后，一个十几岁的少年史蒂夫·乔布斯和他的朋友斯蒂夫·沃兹尼亚克设计了街机游戏《突围》，后来他们俩一起创办了苹果公司。

他们开始编程只是因为它很好玩，并不知道编程会让他们走多远，也不知道自己创办的公司会改变世界。也许你就是下一个像他们这样的人。编程是一项令人惊奇的技能，它能帮你打开通向未来之门。你不一定非要成为一名职业程序员，尽情享受玩转程序的乐趣也很不错。

电脑游戏为我们敞开了想象世界的大门。它们延伸到了互联网，让大家可以一起玩耍。电脑游戏蕴含了各种创造性元素，包括音乐、故事、艺术和精巧的程序，我们被它深深地吸引。如今，游戏产业的规模甚至超过了电影产业，潜力无限。

今天，你也可以成为一名游戏制作者，而不仅仅是一个玩家。你可以控制这个想象世界的每一个部分：它的外观、声音，带给你的感受。你可以创造故事情节、英雄人物、反派坏蛋以及美丽的风景。

但是，首先你必须能控制自己的电脑。想让计算机执行命令，你就要说它的语言，成为一名程序员。很幸运，现在我们有了Scratch软件，编程不再是一件很难的事情！只要按照这本书里列出的简单步骤去做，你就能完成自己的游戏作品，理解每个游戏是如何运作的。按顺序学习每一章，你将会掌握关键的技能，设计和创作属于自己的电脑游戏！

让我们开始编程吧！

Carol Vorderman

英国著名电视节目主持人　卡萝尔·沃德曼

译者序

2010 年，我开始正式教孩子们学编程，那时很少有家长知道"少儿编程"到底是什么。

成群的父母们苦恼于孩子痴迷游戏，却不知道有这么一种既有趣又能提升孩子智力的玩电脑方式。

现在，这个世界正在发生越来越大的变化。

越来越多的孩子开始学习编程，并爱上了编程。

麻省理工学院的 Scratch 编程软件也推出了 3.0 版。

DK 这本有趣的编程书也再一次升级改版了！

2014 年，英国将编程课纳入小学必修课程，对于一个有着优秀教育传统的国家来说，这个决定体现出教育理念上真正的深谋远虑。

人类文明从农业文明发展到工业文明再到信息文明，信息已经成为世界的最重要资源。每一个孩子都必须能认识信息、理解信息，最后能驾驭信息。要想达成这样的教育目标，我认为只有一个途径，那就是持续学习人类的第三语言——编程语言，因为编程就是处理信息的现代方式。

除了作为未来世界沟通交流的重要工具，编程更是一种充满乐趣的活动，能激发孩子无限的想象力。不仅如此，它还能真正点燃孩子的小宇宙，显著提升他的独立思考能力。

计算机就像一架自动钢琴，而编写程序就和音乐家作曲一样。

当你编写好程序以后，计算机就会百分百按照程序去做。

但是程序也可能不像你预期的那样工作，它会失败。

为什么会出现这样的情况呢？有两种可能：

第一种：你一开始的想法就错了。那么请重新思考一下：你到底想要做什么？（这绝对是一个哲学问题！）

第二种：你的想法很好，可是程序却没有写对，也就是说没有把你的思想准确地翻译为程序。

编程能够让孩子们开始审视"思维"这个东西，通过观察程序运行的结果，孩子们逐渐建立起一种反思的态度。没有任何一种教育方式可以像编程一样，如此有效地帮助孩子们建立自我批判意识。

把目标想清楚不容易；确定了目标，想清楚了要做什么，再把它清晰地表达出来，更是不容易。

感受到这两个"不容易"是真正的哲学启蒙，是批判性思维的启蒙！

如果你的孩子喜欢玩电脑，那么就让他去玩编程吧。几年玩下来，你会惊奇地发现编程是最好的智力启蒙活动，游戏迷居然变成了小学霸。因为在编程中，孩子的记忆力（能记住多达几百个指令的组合）、想象力（能想象出复杂程序运行的效果）、逻辑推理能力（算法就是最精妙的推理过程）都得到了长足的发展。

本书是为孩子们准备的精神大餐，书中一共有 8 个有趣的游戏作品，这些作品把很多编程的知识有机地融合在一起，让孩子们在快乐地探索中逐渐理解程序设计的核心观念。我在翻译此书的过程中，总是能感受到作者具有像孩子一样寻找快乐的视角：追逐奶酪的小老鼠、骑在扫帚上的女巫、急速行驶的赛车……嗨，兴奋的世界在等着你去创造呢！

从今天开始，让家里的小游戏迷学习编程吧！同样是玩着电脑的快乐光阴，几年过去后，玩游戏和玩编程的结果将会是天壤之别、判若云泥！

余宙华

阿儿法营创始人

中国科协"探索计划"全国教师培训主讲人

中国科技馆特聘少儿创意编程讲师

目 录

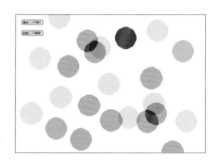

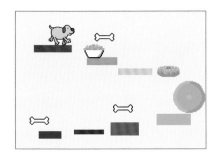

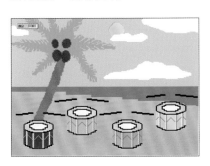
*因Scratch中文版翻译不断更新，故本书中的指令描述可能与实际略有不同，请以官网最新版为准。

请访问Scratch官方网站下载离线版Scratch3.0软件：
https://scratch.mit.edu/download

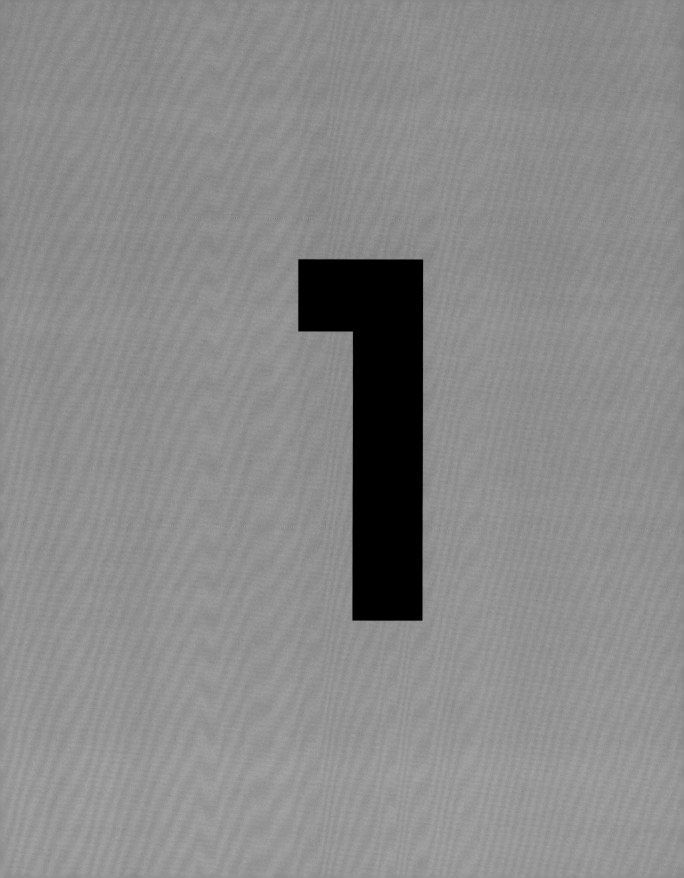

电脑游戏

好游戏由哪些元素组成？

有些游戏具备一种魔力，吸引着你一遍又一遍地玩个不停。游戏设计者把这种魔力叫作"可玩性"。要让一个游戏拥有较高的可玩性，你需要思考构成游戏的各种元素，以及如何把它们融合在一起。

我有一个完美的配方！

◁角色

在大多数游戏中，玩家都会借助屏幕上的某个角色进入游戏世界。这个角色可能是动物、公主、赛车，甚至只是一个简单的气泡。为了制造出惊险、竞争的气氛，游戏中往往还会有敌人角色，玩家需要打败它们或者快速逃离。

△游戏机制

这是指游戏中的各种行为、动作，例如奔跑、跳跃、飞行、捕捉物品、施魔法以及使用武器。游戏机制是一个游戏的核心，完美的游戏机制会创造出一个优秀的游戏。

◁规则

游戏中的规则告诉玩家可以做什么，不可以做什么。例如，他能穿越一堵墙壁，还是会被砖块拦住？能停下来思考，还是必须和时间赛跑？

△物品

几乎所有的游戏都有各种各样的物品，比如增加生命值和得分的星星、硬币、用来开门的钥匙等。并非所有物品都有好处，有一些会挡住玩家的去路、消耗玩家的生命值，或者偷走他们的宝物。物品也可能会组成一个谜题，等待玩家来解决。

你的得分
25,547,010!!!

◁世界

想一想，游戏运行在一个怎样的世界中？是 2D 的还是 3D 的？玩家的视角是从上方观察、侧面观察，还是从里面观察呢？游戏世界是否有一堵墙或者边界会阻挡玩家的移动？或者说这个世界就像野外一样没有边际？

△目标

每一个游戏都要求玩家实现某种目标，可能是赢得一场跑步比赛，打败一个敌人，达到一个高分，或者坚持生存，时间越长越好。大多数游戏提供了很多小目标，比如解锁一道门进入下一关，或者赢得一辆新车，掌握一项新技能等。

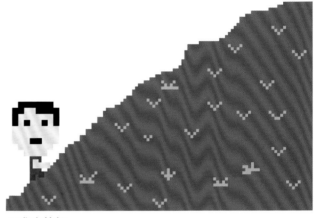

◁操控

键盘、鼠标、游戏操纵杆、动作传感器都可以成为很棒的操控工具。如果玩家能完全掌控自己的角色，游戏就会变得更有趣，关键在于操控方式必须简单易学，而且计算机的反应速度要很快。

△难度等级

一个游戏太容易或者太难，都会毫无乐趣。很多游戏在开始阶段都很容易，玩家可以在初期练习。随后，当他们的技能越来越熟练，游戏的难度就会逐渐加大。想创造一款出色的游戏，设计合理的难度等级是关键。

•• 游戏设计

可玩性

想要吸引人们乐此不疲地玩一款游戏，并不需要把它设计得非常复杂。最早有一款叫"Pong"的游戏就非常成功。它简单地模拟了打网球：网球只是一个白色的小方块，球拍则是两段只能上下移动的白色线条。尽管没有令人惊艳的画面，人们却非常喜欢 Pong，因为它极具可玩性。玩家可以和朋友们对抗，就像真正的网球比赛一样。它要求玩家全神贯注，稳定地控制手部，漏球的一方总是要求再来一局。

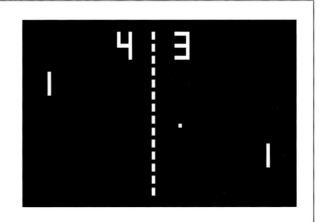

游戏氛围

一个好游戏就像一部好电影、一本好书，它能创
造某种氛围将你深深吸引，影响你的情绪和感受。
下面是一些常用的游戏设计技巧，可以用来营造
出各种氛围。

◁讲故事

编写一个背景故事可以帮助你构造生动的游
戏场景，让玩家的行动充满含义。大型游戏
往往具备像电影一样复杂的故事情节。背景
故事对简单的游戏也很有用，它会让玩家感
觉在完成一项任务。如果你认真地构思故事，
那么你的游戏就会有一个前后连贯的线索。

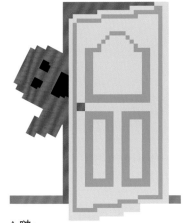

△啵！

有什么东西会突然跳到玩家面
前？恐惧和猜疑能够让一个游戏
充满紧张的气氛，让玩家内心忐
忑不安。在拐角的地方会出现什
么？门后面有什么东西？等待可
以比害怕更加刺激！

▷音效

声音对人的感受有很大的影响。
在同一个场景中，使用不同的音
效会让人有兴奋、害怕，甚至傻
乎乎等不同的感觉。在一段平静
之后，突然出现的噪音常常会把
人吓得一哆嗦。现在，很多游戏
都使用真实感很强的音效，让玩
家觉得置身于游戏现场。

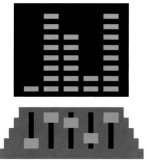

▷快一点，快一点

一个游戏的速度能改变
玩家的兴奋度。如果能
在游戏中停下来，思考
下一步的行动，那么玩
家就能保持平静；但是
如果有一个时钟滴滴答
答地走，还有快节奏的
音乐不停地催促，玩家
就会觉得压力山大。

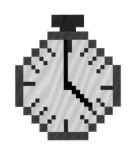

◁色彩规划

只要简单地调整一下颜色，就能改变游戏中的氛
围。亮蓝、鲜黄、草绿让人感觉温暖，如同沐浴
在阳光下。冰蓝、白色则让人感觉寒冷，比较偏
黑的颜色让游戏变得恐怖。

▽图形画面

在最早的游戏中，游戏画面只是简单的几何图形。但是，随着计算机功能越来越强大，游戏中的画面也变得越来越精致。很多人机对战游戏现在都采用照片一样真实的 3D 画面，但简单的卡通风格游戏还和以前一样流行，而且这种风格特别易于创造有趣的氛围。

■ ■　游戏设计

虚拟现实

虚拟现实（Virtual Reality，简称 VR）眼镜可以把未来的游戏变得更具真实感。通过向左右眼展示略有差异的两幅画面，就能创造出一种 3D 体验。玩家可以转身或者朝任何方向看，头盔里的动作传感器能跟踪玩家的运动，然后调整看见的画面，玩家会感觉自己就像在真实的世界中，而不是看着一个屏幕。

你在哪里？

创造游戏氛围还有一种最简单的方法，那就是给游戏增加一张背景图片，设置一个场景。

为了使画面可信度更高，一定要让游戏中的角色与环境相匹配。比如，不要把赛车放在深海里，也不要把独角兽放在外太空。

◁冰雪世界

结冰的赛道两旁，雪花飘飘的背景让人身临其境。

△恐怖森林

黑暗的森林是为幽灵、怪兽、女巫设置的最佳场景。

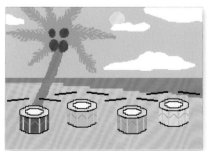

△热带海滩

阳光海滩上摆满了五彩的铁皮鼓，创造出一种热烈的节日氛围。

△深海历险

章鱼、海星与水下的景色很协调。

游戏类型

游戏有各种形态、规模，但是一般都能归入几个类别，我们称之为"游戏类型"。有些玩家最喜欢平台游戏，另一些比较钟爱赛车游戏或者策略型游戏。你最喜欢哪个类型的游戏呢？

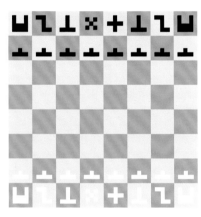

◁ **传统型**

当你找不到对手竞技，可以向计算机发起挑战。它可以和你玩纸牌、国际象棋或者其他上百万种棋盘类游戏。

△ **角色扮演类**

地牢、巨龙和城堡是这类探险游戏的标志性元素。有的游戏中，你可以自由漫步，有的则必须紧紧跟随故事线前进。故事中的主角随着游戏进行会获得特殊技能，比如施法术、击剑格斗等。有些角色扮演游戏支持在线模式，很多玩家可以在同一个游戏世界中互动。

▷ **竞速类**

通过画面的快速滑动，竞速类游戏就能创造出一种速度的幻觉。要想成功通关，你必须熟悉赛道上的细节，提前做好准备，精巧地操控。

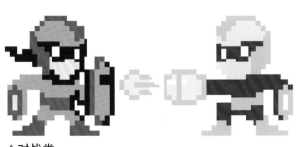

△ **沙盒类**

有的游戏强制你按照特定的路线行动，但是沙盒类游戏刚好相反：给你绝对的自由，迈开脚步去探索游戏世界，每个人都可以有不同的探寻方式。

△ **对战类**

玩这类游戏，手指灵巧非常重要。比如近战类游戏，取胜的关键在于何时、如何恰当地运用不同的进攻和防御动作，比如暴击、翻跟头、超能力等。

▷策略类

做决定、做决定！当你在穿越野生动物园、参与一场战争、创建一个完整的文明社会时，如何做出明智的选择？策略型游戏给你神一般的能力去操控各种角色，但是必须聪明地使用资源，否则你的帝国就会崩塌。

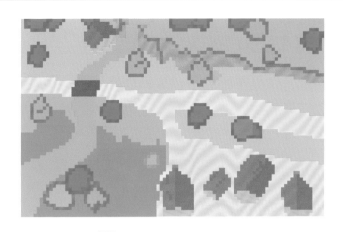

△模拟类

如果你想养一只小狗，又不想花时间给它喂食、带它散步，那么一个虚拟宠物正合你意。模拟型游戏的目标是创造出和真实生活相同的场景，其中有些已经超越了普通的游戏，比如高端的飞行模拟器。它的模拟如此逼真、精准，完全可以用来训练专业的飞行员。

◁音乐和舞蹈类

玩跳舞毯游戏时，你需要用脚打拍子，随着节奏跳跃一连串的障碍物。在音乐类游戏中，你可以使用虚拟乐器和一支虚拟乐队共同演出。按照音乐节奏，准确、及时地弹奏音符，你才能不断地升级。

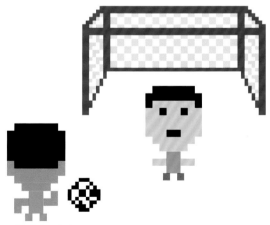

△体育运动类

在一个真实感很强的体育场内，观众欢声雷动，你代表心爱的球队出战最喜爱的体育比赛。体育类游戏让你有机会参与最著名的世界大赛，比如国际足联世界杯。在比赛中，计算机裁判员会保证比赛的公平性。

△谜题类

有些人喜欢在谜题中锻炼大脑。谜题游戏种类繁多，比如砖块拼图、数字谜题。还有一种密室逃脱游戏，要求你运用分析、判断力找到从一个房间到另一个房间的通路。

编程是怎么回事？

计算机自己不会思考，它只会按照指令行动。想让它完成复杂的任务，就必须把这个任务分解成一个个具体的指令：每一步具体做什么？按照什么顺序做？使用一种计算机语言编写一串指令的工作，就叫作"编程"。

设计一个游戏

假设你要设计这样一款游戏：玩家操控一只鹦鹉在一条河流上方飞行，有很多苹果顺着河水向下漂流，玩家要尽可能多地收集苹果，但是不能被狮子咬到。你要给计算机下达很多条指令，用这些指令去控制游戏中的物体，不管是苹果、鹦鹉还是狮子。

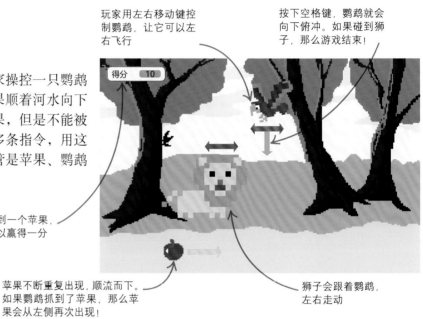

玩家用左右移动键控制鹦鹉，让它可以左右飞行

按下空格键，鹦鹉就会向下俯冲。如果碰到狮子，那么游戏结束！

得分　10

当鹦鹉抓到一个苹果，玩家就可以赢得一分

苹果不断重复出现，顺流而下。如果鹦鹉抓到了苹果，那么苹果会从左侧再次出现！

狮子会跟着鹦鹉，左右走动

▽苹果

你告诉计算机："苹果要沿着河流向下漂，当鹦鹉抓到它的时候就消失。"这样它可听不懂！你必须把这个复杂的任务，分解成很多个简单的指令，请看右侧的图。

> 跳到屏幕的左侧

> 不断重复下面的步骤：

>> 向右移动一点

>> 如果我已经到达屏幕的最右侧

>>> 跳回到屏幕左侧

>> 如果我碰到了鹦鹉

>>> 把鹦鹉的分数增加一分

>>> 跳回到屏幕左侧

▷鹦鹉

鹦鹉的任务比苹果复杂多了，因为玩家要控制它上下左右地移动。尽管听起来很复杂，我们一样能把需要执行的指令按顺序写清楚。

跳到屏幕的右上角位置

按照顺序，重复下面的步骤：

如果玩家按下了左移键

如果还能动，向左移动一点

如果玩家按下了右移键

如果还能动，向右移动一点

如果玩家按下了空格键

用一秒钟的时间，一直移动到屏幕下方

用一秒钟的时间，回到屏幕上方

▷狮子

狮子是鹦鹉的敌人，如果鹦鹉碰到了它，那么游戏就结束了！我们用一个比较简单的程序来控制狮子。

跳到屏幕的中央

按照顺序，重复下面的步骤：

如果鹦鹉在我的左面

向左移动一点

如果鹦鹉在我的右面

向右移动一点

如果鹦鹉碰到了我

结束游戏！

▪▪ 小知识

编程语言

这一页上的指令都是用简单的中文写出来的，但是如果你想做出一个真正的电脑游戏，就必须把它们翻译成计算机能明白的一种特殊文字，也就是编程语言。

用编程语言编写程序的工作，叫作"程序设计"或者"编码"。

本书使用的编程语言叫作"Scratch"，这种语言是孩子学习编程、设计电脑游戏的理想工具。

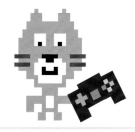

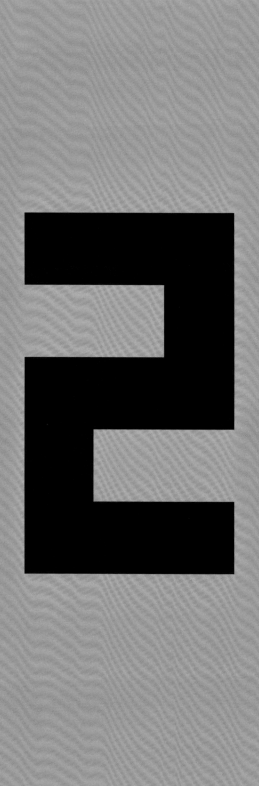

让我们开始吧！

Scratch 简介

本书中的所有游戏都是用 Scratch 编程语言设计出来的。 Scratch 简单易学，你不再需要用键盘敲击复杂的代码，用预备好的指令块就可以编写程序了！

> Scratch 程序中的角色叫作小精灵。

从 Scratch 起步

当我们开始设计一个 Scratch 作品时，首先要考虑的是在游戏中会出现哪些物品或者角色。Scratch 为你准备了一个角色库，你可以选择一个现成的角色马上开始创作。

角色

游戏中有些东西会四处移动或者对玩家操作做出反应，它们就是角色。角色可以是任何东西，比如动物、人物或者比萨饼、太空飞船。你可以赋予角色生命，方法就是为它们编写代码。

每当你开启一个新的 Scratch 作品，小猫角色都会出现

指令块

代码是由指令块组成的，你用鼠标拖拽指令块，然后像玩拼图一样把它们拼接起来。每一个指令块都代表一条具体的计算机命令，所以很好理解。

> 你好！

合作

一个游戏中，许多角色会相互配合，每一个都由各自的代码来控制。代码控制角色四处移动、互相碰撞、发出声音、改变颜色或者外形。

一些角色代表游戏中的敌人，它们增加了游戏的难度。

> 救命！

  专家提示

做实验

用 Scratch 编程就像做实验。你完成一件作品后，还可以对代码修修补补，增加一些东西，或者改变它的工作方式。你可以立刻看到修改后的效果。

一个典型的 Scratch 作品

当你完成了一段代码，就可以通过点击绿旗来观察它干了什么。有一个窗口叫作"舞台"，代码执行的效果都在舞台上展现。角色们在舞台上动来动去，为了渲染气氛，舞台上总是会有一幅背景图。

点击小绿旗
运行程序

点击红色按钮
终止程序

点击这里进入
全屏模式

▷ 运行一个程序

启动或运行一个程序意味着激活你编写的代码。如果想让舞台占据整个电脑屏幕，可以点击右上角的图标。

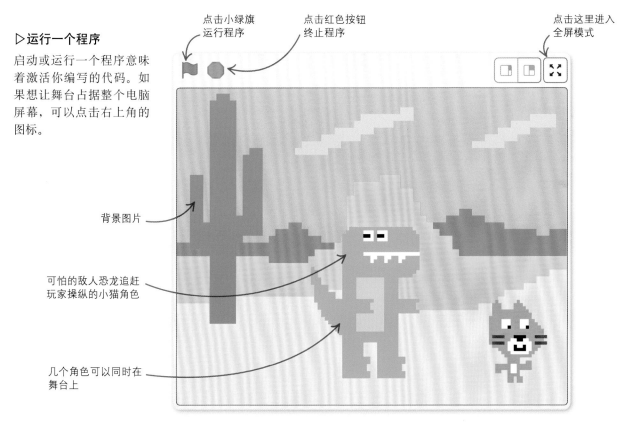

背景图片

可怕的敌人恐龙追赶玩家操纵的小猫角色

几个角色可以同时在舞台上

▽ 让角色动起来

在典型的游戏中，玩家会控制一个角色，其他角色则由程序控制，在舞台上自动行走。在这个作品中，我们用下面的代码控制恐龙，让它去追赶小猫。

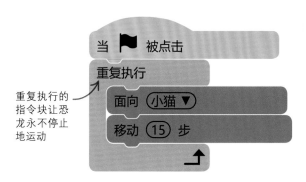

重复执行的指令块让恐龙永不停止地运动

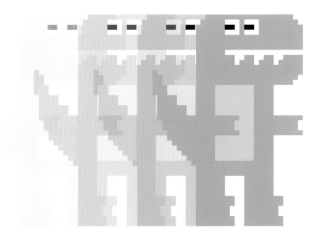

安装 Scratch

想完成本书中的Scratch作品，就必须在台式计算机或笔记本电脑上安装Scratch编程工具。我们可以按照下面的在线或者离线方式获得Scratch编程工具。

在线 Scratch

如果你的网络环境很稳定，可以在浏览器中运行 Scratch，不需要下载任何东西，只需要注册一个 Scratch 账号。

1 注册 Scratch

要使用在线的 Scratch，请先访问 Scratch 网站（http://scratch.mit.edu），然后点击页面右上角的"加入 Scratch 社区"，设置一个用户名和密码。你设计、创作的游戏不会公开，除非你点击了"分享"按钮，它才会在网络上公开发布。

2 登录

在 Scratch 社区注册之后，请点击"登录"，然后输入你的用户名和密码。为了安全，最好不要使用真名作为用户名。点击屏幕左上角的"创建"，就可以开始一个新作品了。如果你使用的是 Scratch 在线版本，就可以在任何一台电脑上访问自己的作品。

离线 Scratch

你也可以下载离线版 Scratch 编程工具，把它安装到自己的电脑里，这样在没有网络的时候也可以使用 Scratch 了。如果你的网络连接不太稳定，这种方法就更适用。

1 安装 Scratch

要获得 Scratch 3.0 离线版，请访问 https://scratch.mit.edu/download，按照屏幕上的提示下载所需的文件，然后双击运行安装程序。安装完成后，桌面上会出现一个 Scratch 图标。

2 启动 Scratch

用鼠标双击 Scratch 图标，Scratch 就启动了，选择中文版，现在你可以开始编写程序了。如果你使用离线版本，就无须注册账号。

△ 操作系统

Scratch 在线版可以在很多操作系统上运行,比如 Windows、Ubuntu、Mac 等。离线版可以在 Windows 和 Mac 系统上运行。如果你的电脑是 Ubuntu 系统,那么请使用 Scratch 在线版。

△ 硬件

你可以在台式计算机或者笔记本电脑上运行 Scratch。当然,用鼠标操作会比触摸板更方便。Scratch 3.0 可以在平板电脑上运行。

◁ 保存文件

如果使用离线 Scratch,请注意及时保存你的作品。在线 Scratch 间隔一段时间会自动保存。

老版本和新版本

本书使用的是 Scratch 3.0 版本,这是写作本书时最新的版本。本书中的作品不能在老版本的 Scratch 中使用,所以请你确保安装了 Scratch 3.0 版本。

▽ 2.0 版本

在 Scratch2.0 版本中,舞台在屏幕的左侧,代码区在屏幕右侧。

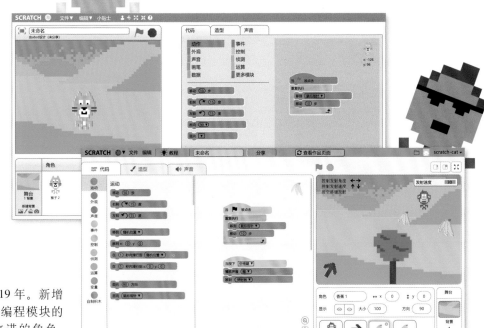

▷ 3.0 版本

Scratch 3.0 版发布于 2019 年。新增的功能包括:包含了新编程模块的扩展部分;新增的、改进的角色;更精巧的声音编辑器。

Scratch 之旅

Scratch 的编程窗口分为几个不同的区域。中间区域用于编写代码，右侧是舞台，展示了整个游戏运行的效果。

要编写代码，必须选中这个标签

改变语言设置

功能菜单

用声音标签为游戏增加音乐或者音效

SCRATCH 🌐▼　文件　编辑　💡 教程　　未命名

代码　　　✏️ 造型　　🔊 声音

用造型标签来修改角色外观

运动

运动

移动　(10) 步

外观

右转 ↻ (15) 度

左转 ↺ (15) 度

声音

事件

点击这些标题可以显示各组不同的指令块

移到 (随机位置 ▼)

移到 x: (0) y: (0)

控制

在 (1) 秒内滑到 (随机位置 ▼)

侦测

在 (1) 秒内滑到 x: (0) y: (0)

运算

变量

面向 (90) 方向

面向 (鼠标指针 ▼)

自制积木

指令块面板	代码区	舞台区
		角色列表

书包

舞台信息

△ Scratch 窗口

舞台和角色列表占据了整个窗口的右侧区域，代码编写区在左侧。代码区上面的标签罗列了其他的功能。

书包

指令块面板
编写代码的指令块出现在 Scratch 窗口的左侧区域。你可以把需要的指令块拖动到代码区。

书包
你可以在书包里存储有用的代码、角色、造型和声音，以方便以后在其他作品中使用。

代码区
你可以把指令块拖拽到这个区域，把它们拼接起来，为游戏中的每一个角色编写代码。

舞台区
当你运行一个游戏或者任何其他类型的作品，可以看到舞台上出现了各种动作，它就像一个迷你窗口。只要用鼠标点击舞台左上角的绿旗图标，就能立刻看到代码运行时产生的效果。

点击进入全屏模式

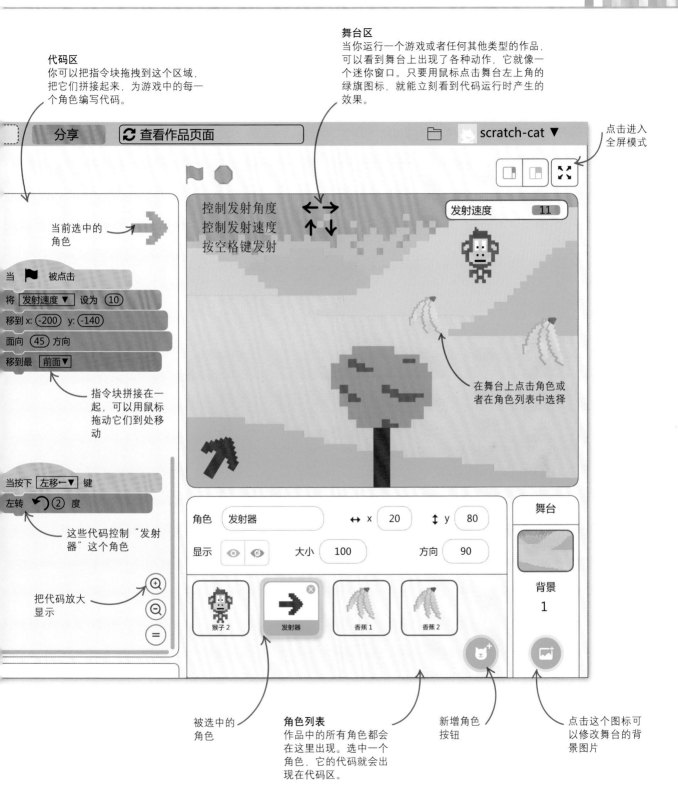

分享　🔄 查看作品页面　　　　　📁 　scratch-cat ▼

控制发射角度
控制发射速度
按空格键发射

发射速度　11

当前选中的角色

当 🏳 被点击
将 发射速度▼ 设为 10
移到 x: -200 y: -140
面向 45 方向
移到最 前面▼

指令块拼接在一起，可以用鼠标拖动它们到处移动

在舞台上点击角色或者在角色列表中选择

当按下 左移←▼ 键
左转 ↺ 2 度

这些代码控制"发射器"这个角色

把代码放大显示

角色　发射器　　　↔ x 20　　↕ y 80
显示 👁 👁̷　大小 100　　方向 90

猴子 2　　发射器　　香蕉 1　　香蕉 2

舞台

背景
1

被选中的角色

角色列表
作品中的所有角色都会在这里出现。选中一个角色，它的代码就会出现在代码区。

新增角色按钮

点击这个图标可以修改舞台的背景图片

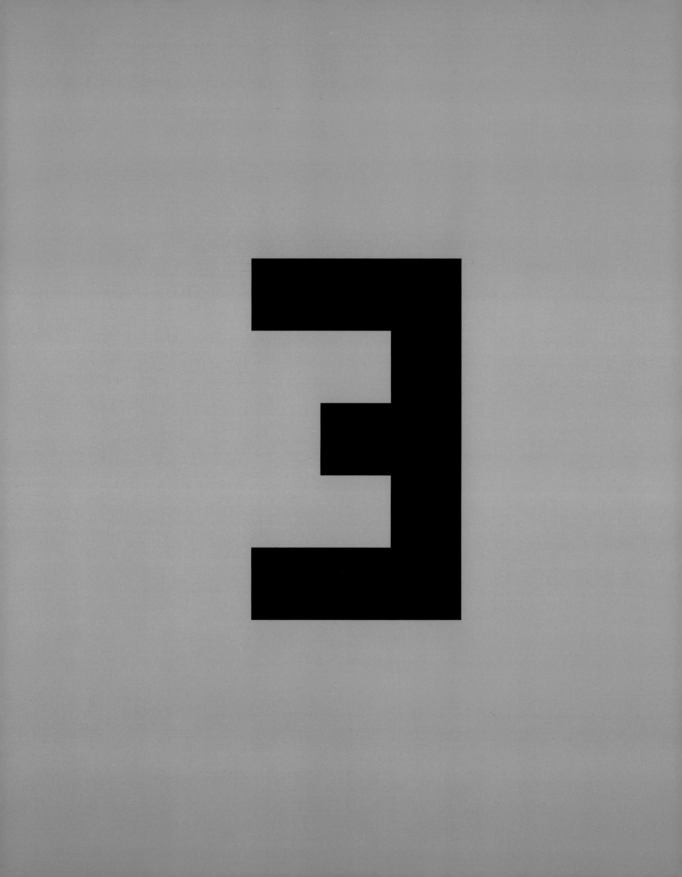

星星猎手

如何制作"星星猎手"

欢迎来到你的第一个Scratch游戏——星星猎手，这是一个快节奏的捕捉水下宝物游戏。请按照本章中的步骤来完成这个游戏，然后邀请好朋友来挑战你的最高纪录吧！

游戏的目标

这个游戏的目标是尽可能多地收集金色的星星。请使用小猫来收集星星，但千万要留心致命的章鱼。要想获得胜利，你必须快速地移动。游戏中的主要角色都罗列在下面了。

◁小猫

用鼠标在屏幕上移动小猫，小猫角色会紧紧跟着鼠标。

◁章鱼

章鱼在海里四处巡游，但是它们的移动速度比小猫慢。如果小猫碰到了章鱼，那么游戏就结束了！

◁星星

这些星星会随机出现，小猫碰到一颗星星就可以得到一分。

点击绿旗开始一局新的游戏

点击停止标记，结束游戏

分数表明你收集了多少颗星星

得分　0

将一幅水下风光的图片设为游戏场景

收集一颗星星
可以得一分

点击这个图标，
游戏会全屏显示

操控游戏

使用鼠标或触摸板来控
制这个游戏。

不要碰到章鱼！一共有 3 只章鱼，
它们朝不同的方向游动

◁**在水下**

星星猎手生活在深深的海底，
但是你可以任意修改背景图片，
改成自己喜欢的样子，外太空
或者你的卧室都行！

准备好了吗？
让我们开始
编程吧！

在游戏中你是一只小
猫，使用鼠标去控制
小猫的移动

编写代码

和其他所有 Scratch 程序一样，"星星猎手"也需要把五颜六色的指令块像拼图一样连接起来。每一个模块都是一个指令，它会告诉角色该干什么。让我们开始为游戏中的主角小猫编写程序吧！

1 启动 Scratch，从"文件"菜单中选择"新作品"。你会看见下面这样的屏幕，有一只小猫在舞台中央。屏幕左侧是一组蓝色的指令块。

点击这里的按钮，可以显示不同分组的指令块

把你选中的指令块拖拽到这里，拼接成代码

从左侧的列表中选择你需要的指令块

2 我们要为小猫编写程序，让它跟着你控制的鼠标四处移动。点选"移到随机位置"这个指令块，然后把它拖拽到屏幕中间的代码区。

有些指令块包含下拉菜单

移到 （鼠标指针 ▼）

在下拉菜单中选择"鼠标指针"

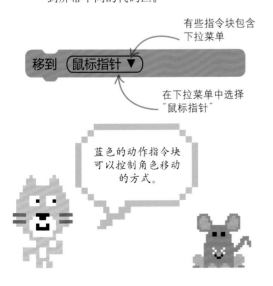

蓝色的动作指令块可以控制角色移动的方式。

3 现在选择橙色的"控制"组按钮，找出"重复执行"这个指令块。

点击"控制"组按钮，橙色的指令块会显示出来

把"重复执行"这个指令块拖拽到代码区

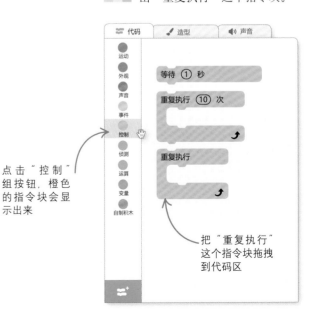

4 把"重复执行"指令块拖到右侧代码，放到蓝色的指令块上面。它会把蓝色的指令块包住，就像下面这样：

5 下一步，选择黄色的"事件"组按钮。寻找一个有小绿旗标记的指令块。把它拖到右侧，放在代码的最上面。仔细读一下你设计的代码，想一想这些指令块会做什么。

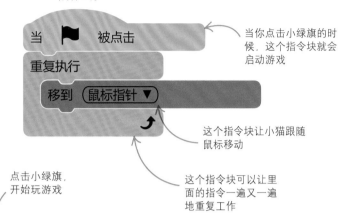

当你点击小绿旗的时候，这个指令块就会启动游戏

这个指令块让小猫跟随鼠标移动

6 现在看一下舞台左上角，你会发现一个小绿旗。点击它，启动你的代码。

点击小绿旗，开始玩游戏

这个指令块可以让里面的指令一遍又一遍地重复工作

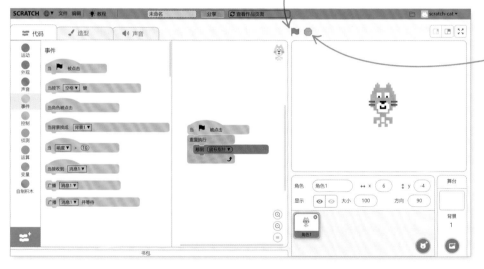

点击红色按钮，结束代码运行

7 移动你的鼠标，看看发生了什么事情。如果你完成了上面的每一个步骤，小猫就会跟随鼠标在舞台上四处移动。

▷**干得好极了！**

你已经完成了自己的第一个 Scratch 作品。我们要往这个作品中增加更多的东西，最终做出一个游戏。

太棒了！

8 这只小猫有一个名字:"角色1",
让我们为它起一个新名字吧。
在角色列表中选择"角色1",
把名字修改为"小猫"。

在这里输入角色的
新名字

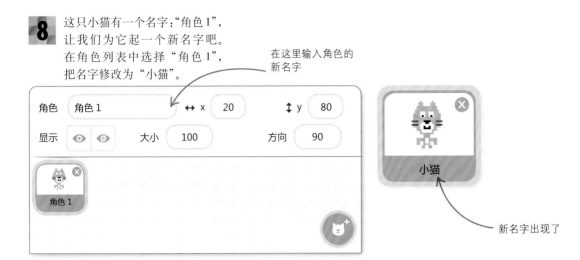

新名字出现了

设置场景

现在的舞台背景是一片单调乏味的白色。我们可以通过增加场景图片、音效,创造出特殊的氛围。想要改变场景,就需要增加一幅背景图片。

9 角色列表右边有一个"选择一个背景"图标。点击它,找到名为"Underwater 2"的图片,选中后,背景图片会布满整个舞台。

背景图片只是一种
装饰,不会影响其
他角色

点击这个图标就可
以打开背景图片库

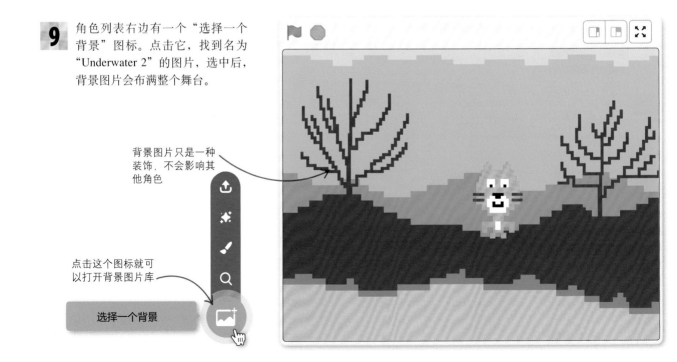

音效

现在，我们给小猫加一个吐泡泡的声音，让它听起来像是在水下一样。

点击这里可以删除声音

10 在角色列表中，点选小猫角色，把它变成高亮显示。然后点击指令块面板上方的声音标签。点击左下侧的喇叭图标，从声音库中选择一个声音。

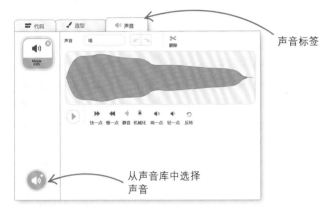

声音标签

从声音库中选择声音

11 在声音库中找到名为"Bubbles"的声音。把鼠标放在图标的小三角上，就可以试听声音。确认后，用鼠标选中它，它就出现在声音列表中了。

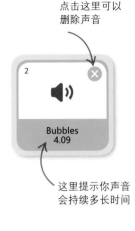

这里提示你声音会持续多长时间

你既可以给舞台增加声音，也可以给角色增加声音。

12 点击代码标签，为小猫角色增加右边的代码。请保留原来的代码，两个代码需要同时工作。新的代码会重复冒泡泡的声音。"播放声音……直到播放完毕"的指令会在再次开始前让整个声音播放完毕。运行游戏听听声音效果吧!

在指令块面板中，点击"声音"组按钮，就可以找到这个指令块

在下拉菜单中选择"Bubbles"

专家提示

循环

循环就是一部分不断重复的代码。"重复执行"指令块创建了一个会永远运行下去的循环，而其他类型的循环可以按照规定次数重复某个动作。循环在各种编程语言中都很常见。

指令块由上至下执行

"重复执行"能让程序回到最上面的指令块

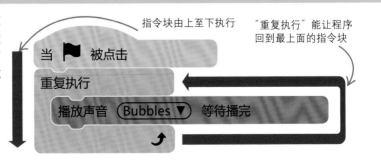

增加一个敌人

想让游戏有趣，就需要有敌人。让我们加一只有致命
毒刺的章鱼吧，它会在舞台上游荡，左右移动。玩家
必须小心地躲避它，一旦碰到，游戏就结束了。

13 要为游戏增加一个角色，可以点
击下图提示的按钮，打开角色库，
选中"Octopus"。再将角色重命名
为"章鱼"。

点击这里
就可以打
开角色库

Octopus 会出
现在你的角色
列表中，将它
重命名为"章
鱼"

14 请为章鱼添加右侧代码。
点击指令块面板中的"运
动"组按钮，找到深蓝色
的指令块。这里，我们使
用两个动作指令块就能让
章鱼在舞台上左右移动。

当游戏开始的时候，
这个指令块就会启
动代码

深蓝色的动作指令
块能控制角色移动
的方式

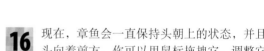

"重复执行"指令
块会让它里面的
指令循环运行

这个指令块让章鱼
停止运动，然后离
开舞台的边缘

15 现在运行代码。章鱼开始左右巡游，但是你会发现它
有一半时间头是朝下的。我们可以调整章鱼改变方向
时的旋转方式来修正这个问题。选中蓝色的"将旋转
方式设为……"指令块，把它加到章鱼的代码中。

16 现在，章鱼会一直保持头朝上的状态，并且
头向着前方。你可以用鼠标拖拽它，调整它
在屏幕上的起始位置。

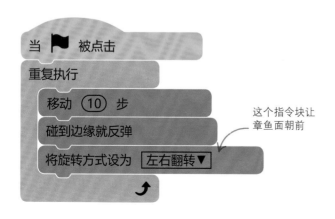

这个指令块让
章鱼面朝前

碰撞

到目前为止，章鱼和小猫会互相穿过对方的身体，不会发生任何事情。我们需要增加一段代码，让它们在碰撞时停止运动。碰撞检测在电脑游戏中非常重要。

17 选中章鱼角色，然后拖拽一个橙色的"如果……那么……"指令块，把它放在代码区的空白处。接下来，在"如果……那么……"指令块中加入一个浅蓝色的"碰到……"指令块，点击其中的下拉菜单，选中"小猫"。这段代码会帮助章鱼探测到小猫。

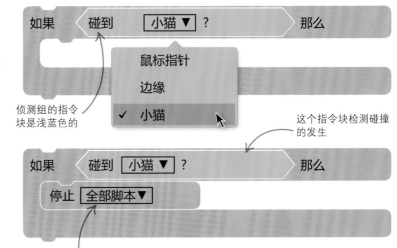

如果　碰到　小猫 ▼　？　那么

鼠标指针
边缘
✓ 小猫

侦测组的指令块是浅蓝色的

这个指令块检测碰撞的发生

如果　碰到　小猫 ▼　？　那么
停止　全部脚本▼

18 在指令块面板中选择"控制"组按钮，把其中的"停止全部脚本"指令放到"如果……那么……"指令块的里面。当章鱼碰到小猫，这段代码会停止所有的动作，游戏结束。

当角色发生碰撞的时候，这个指令块会让游戏结束

19 现在把拼接好的"如果……那么……"指令块放入章鱼的主要代码中，位于深蓝色动作指令块后面。同时，在循环的前面增加一个"等待 0.5 秒"的指令。运行这个作品，看看发生了什么。

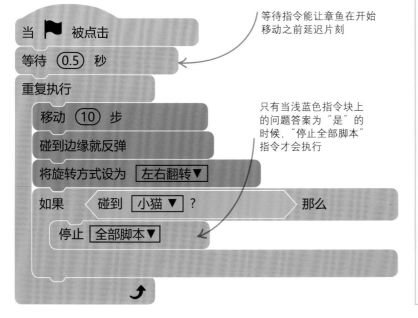

当 ▶ 被点击
等待　0.5　秒
重复执行
　移动　10　步
　碰到边缘就反弹
　将旋转方式设为　左右翻转▼
　如果　碰到　小猫 ▼　？　那么
　　停止　全部脚本▼

等待指令能让章鱼在开始移动之前延迟片刻

只有当浅蓝色指令块上的问题答案为"是"的时候，"停止全部脚本"指令才会执行

专家提示

"如果……那么……"

每天你都要做各种决定。如果下雨了，你需要带一把雨伞。如果没有下雨，你就不需要带。计算机要做同样的事情，它们使用的是程序员所说的条件语句，比如"如果……那么……"。当 Scratch 遇到一个"如果……那么……"指令块，只有当条件语句为真的时候，它才会执行。

章鱼碰到小猫了吗？

真　　　　　假

结束所有角色的脚本　继续运行

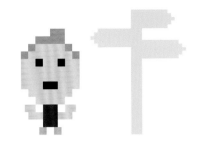

更多的敌人

现在，我们要给游戏添加更多的敌人。为了让游戏更加刺激，我们让这些敌人朝不同的方向运动。使用一个类似指南针的指令块，可以命令角色向任何方向行动。

20 在章鱼的代码顶部，"当绿旗被点击"的下面，添加一个紫色指令块"将大小设为"。把章鱼的大小设定为原大的35%，这会让游戏变得容易一些。然后，添加一个深蓝色的"面向……方向"指令。

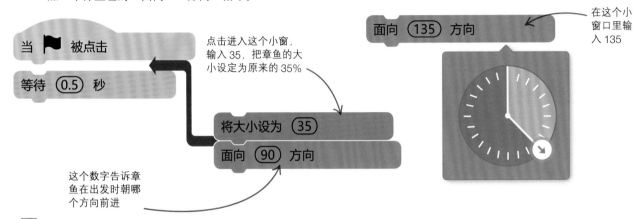

当 🚩 被点击

等待 0.5 秒

点击进入这个小窗，输入 35，把章鱼的大小设定为原来的 35%

将大小设为 35

面向 90 方向

这个数字告诉章鱼在出发时朝哪个方向前进

21 为了修改章鱼的前进方向，点选"面向……方向"指令，在小窗口里输入135替换原来的90。这样，章鱼就会沿着对角线方向前进了。

面向 135 方向

在这个小窗口里输入 135

22 现在，我们要复制章鱼角色创造出更多的敌人。在角色列表中，用鼠标右键点击章鱼（如果使用 Mac 电脑，请同时按下"Ctrl 键 + 鼠标"），选择其中的"复制"。章鱼的复制品会出现在角色列表中，名字分别为章鱼 2、章鱼 3。每一个复制品都拥有和第一只章鱼一样的代码。

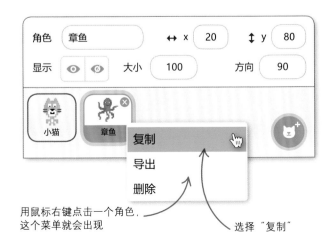

角色 章鱼 ↔ x 20 ↕ y 80
显示 👁 🚫 大小 100 方向 90

小猫 | 章鱼
复制
导出
删除

用鼠标右键点击一个角色，这个菜单就会出现

选择"复制"

😎 **专家提示**

方向

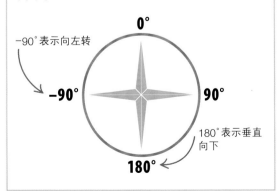

在 Scratch 中，我们用角度来设定方向。你可以在 −179° 到 180° 之间选择任何数字。负数让角色面向左侧，正数让角色面向右侧。0° 时角色垂直向上，180° 时角色垂直向下。

0°

−90° 表示向左转

−90°

90°

90° 180° 表示垂直向下

180°

23 想让复制出来的章鱼朝各个方向运动，只要修改"面向……方向"指令块中的数字就行了。第一只章鱼保持原来的135，把第二只设为0，第三只设为90。现在运行作品，小心地避开所有章鱼。

24 如果你发现要活下来非常难，那就把"移动"指令块的数字减少为2，让章鱼的运动速度变得慢一点。别忘了，3只章鱼的代码都需要修改。

修改这个数字可以调整章鱼的速度

移动 ② 步

碰到边缘就反弹

25 为了让游戏变化多端，可以让其中的一只章鱼向着一个随机的方向出发。要完成这一步，可以使用绿色的"在 ×× 到 ×× 之间取随机数"指令块。这是 Scratch 像掷骰子一样产生随机数的方法。在指令块面板上选择"运算"，找到这个指令块，把它添加到第一只章鱼的代码中。多次运行作品，你会发现章鱼每次都选择不同的前进方向。

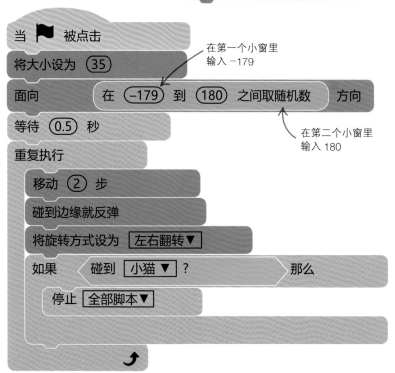

当 ▶ 被点击

将大小设为 35

面向 在 −179 到 180 之间取随机数 方向

在第一个小窗里输入 −179

在第二个小窗里输入 180

等待 0.5 秒

重复执行

　移动 ② 步

　碰到边缘就反弹

　将旋转方式设为 左右翻转▼

　如果 碰到 小猫▼ ？ 那么

　　停止 全部脚本▼

专家提示

随机数

为什么那么多游戏都使用骰子？因为骰子可以让玩家体验到不同的结果，感受到惊喜。和旋转的骰子一样，你无法提前预测随机数。使用这个简单的代码，你就可以让小猫说出一个随机的骰子数值。

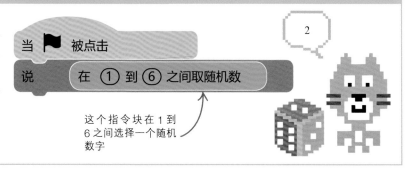

当 ▶ 被点击

说 在 ① 到 ⑥ 之间取随机数

这个指令块在 1 到 6 之间选择一个随机数字

2

采集星星

在很多游戏里，为了获得分数或者生存下来，玩家都需要采集那些有价值的物品。在"星星猎手"中，玩家必须采集水下的财宝——金色的星星。我们将再次使用随机数，让星星每次都出现在不同的地方。

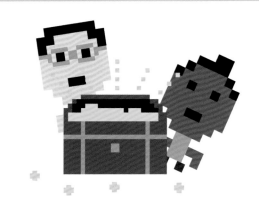

26 在角色列表区，点击"选择一个角色"图标，然后选择角色库中的"Star"，把它重命名为"星星"。

星星

小猫	章鱼	章鱼2	章鱼3	星星

角色"Star"会出现在角色列表中，将它重命名为"星星"

点击这个图标就可以打开角色库

27 为星星添加如下代码。当小猫抓到星星后，这段代码会让星星移动到一个随机的位置。绿色的指令块会生成叫作"坐标"的随机数。Scratch 使用坐标在舞台上精确地定位。

"如果……那么……"指令块检查小猫是否碰到了星星

只有在回答为"是"的时候，"移到"指令块才会执行

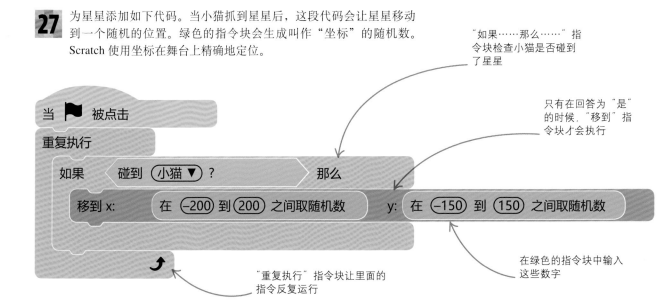

```
当 🏳 被点击
重复执行
    如果  碰到 小猫 ▼ ?  那么
        移到 x: 在 -200 到 200 之间取随机数   y: 在 -150 到 150 之间取随机数
```

"重复执行"指令块让里面的指令反复运行

在绿色的指令块中输入这些数字

28 在星星移动的时候，如果想看到它的坐标，那么请在指令块面板上选择"运动"组按钮，然后勾选其中的指令块"x 坐标""y 坐标"。现在运行游戏，你会发现每次小猫让星星移动的时候，星星的坐标都在改变。在你继续之前，先消除勾选。

星星 : x 坐标	60

星星 : y 坐标	78

坐标的用法

为了在舞台上精确定位，Scratch 使用一些叫作"坐标"的数字。它们的使用方法和图表中的坐标一样，水平方向用数字 x 表示，垂直方向用数字 y 表示。要确定舞台上一个点的坐标，只需要从舞台中心横向、纵向计算步数就可以了。在舞台的右上区域，坐标是正的，在舞台的左下区域，坐标是负的。舞台上的每一个点都有唯一的坐标，借助坐标你就可以把角色移动到某个位置。

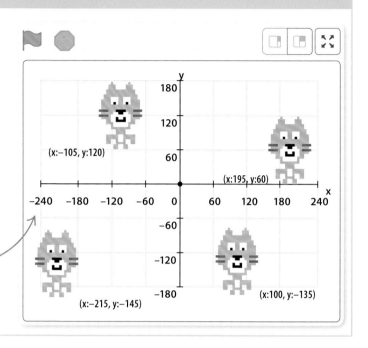

(x:-105, y:120)

(x:195, y:60)

(x:-215, y:-145)

(x:100, y:-135)

x 轴比 y 轴长，它的坐标范围是从 -240 到 240

29 你可以在游戏里增加一个音效，当小猫碰到一颗星星的时候播放。首先确保你选中了角色列表中的"星星"，然后点击指令块面板上方的声音标签。点击喇叭图标打开声音库。选择"Fairydust"。然后，在星星的代码中添加"播放声音"指令块，在下拉列表中选择"Fairydust"。

在第一颗星星的代码里插入"播放声音"指令块，然后在下拉菜单里选择要播放哪一个声音

如果 〈 碰到 (小猫 ▼) ? 〉 那么

播放声音 (Fairydust ▼)

移到 x: 〈 在 (-200) 到 (200) 之间取随机数 〉 y: 〈 在 (-150) 到 (150) 之间取随机数 〉

记录分数

电脑游戏常常需要跟踪记录关键的统计信息，比如玩家的分数、生命值等等。这些会改变的数字我们称作"变量"。为了跟踪记录"星星猎手"中玩家的分数，我们将要创建一个变量，记录玩家采集到的星星数量。

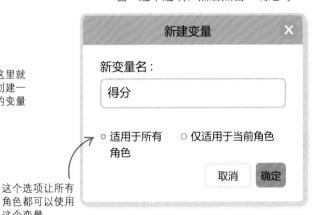

30 随便选中一个角色，然后选择指令块面板中的"变量"组，点击按钮"建立一个变量"。

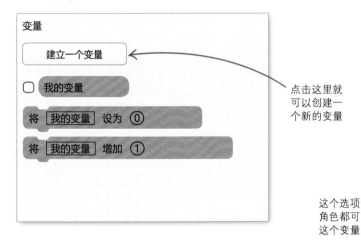

点击这里就可以创建一个新的变量

31 这时会出现一个小窗口，它要求你给变量取一个名字。在小窗口中输入"得分"。确保你选择的是"适用于所有角色"这个选项，然后点击"确定"。

新建变量

新变量名：

得分

● 适用于所有角色   ○ 仅适用于当前角色

取消   确定

这个选项让所有角色都可以使用这个变量

32 你会看到很多新的指令块出现了，其中包括一个名叫"得分"的指令块。确保你勾选了"得分"指令块前面的小方框，这样它就会出现在舞台上。

变量

建立一个变量

☐ 我的变量

☑ 得分

将 我的变量 设为 ⓪

将 我的变量 增加 ①

33 得分记录会出现在舞台的左上角，但是你可以把它拖动到舞台上的任何位置。

你可以用鼠标拖动显示得分的小方框

34 我们希望"得分"从零开始，每次小猫采集到一颗星星就增加一分。选中星星角色，然后把两个橙色的"变量"组指令块添加到代码中。

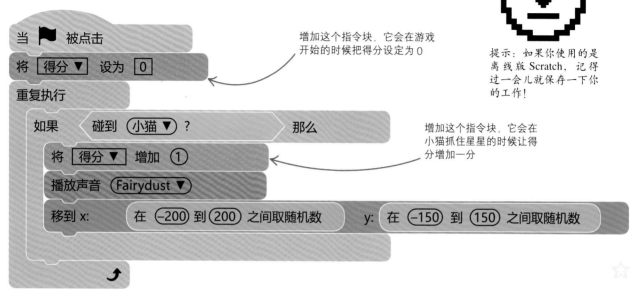

当 🏳 被点击

将 得分 ▼ 设为 0

重复执行
> 如果 碰到 小猫 ▼ ? 那么
> > 将 得分 ▼ 增加 ①
> > 播放声音 Fairydust ▼
> > 移到 x: 在 -200 到 200 之间取随机数 y: 在 -150 到 150 之间取随机数

增加这个指令块，它会在游戏开始的时候把得分设定为 0

增加这个指令块，它会在小猫抓住星星的时候让得分增加一分

提示：如果你使用的是离线版 Scratch，记得过一会儿就保存一下你的工作！

35 现在点击绿旗，启动程序。当小猫采集到星星的时候，注意观察会发生什么。看看你能否不碰到章鱼，采集 20 颗星星。

▪▪▪ 专家提示

变量

变量就像是一个盒子，你可以把信息（比如数字）存放在里面，还可以修改它们。在数学课上，我们用字母来代表变量，比如 x、y。在编程的时候，我们也要给变量起名字，比如"得分"，我们不仅用它来存放数字，还会存放其他各种信息。尽量使用能够说明变量用途的名字，比如"速度""分数"之类。大多数编程语言不允许在名字中间加空格，所以最好的做法是把字母连接在一起，不要使用"dog speed"，而是用"DogSpeed"。

嗨！我的年龄是 x 岁。

真牛，我可是 y 岁。

增强的敌人

现在，"星星猎手"已经可以运行起来了。不断地试验调整，看看哪些修改能
让游戏变得更容易或者更难，最重要的是更有趣！下面这个方法能让游戏更
好玩，我们让3只章鱼来做不同的事情。

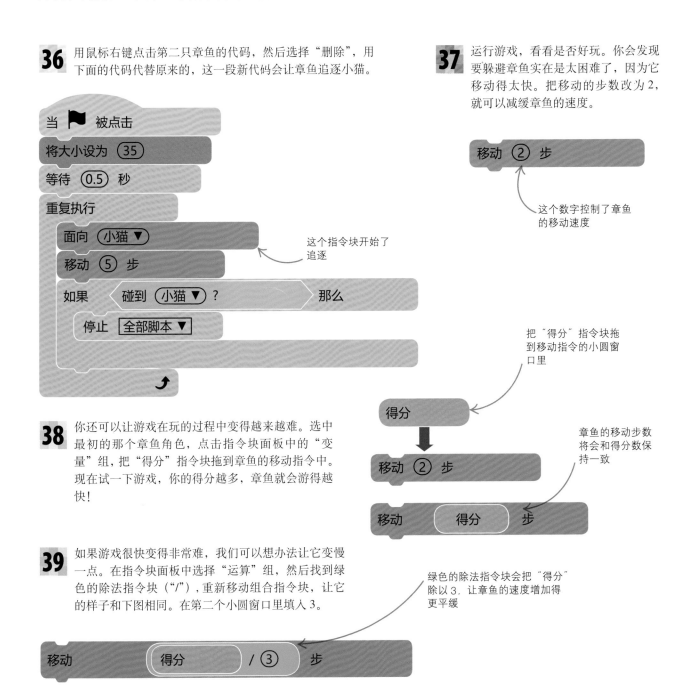

36 用鼠标右键点击第二只章鱼的代码，然后选择"删除"，用
下面的代码代替原来的，这一段新代码会让章鱼追逐小猫。

当 ▶ 被点击

将大小设为 (35)

等待 (0.5) 秒

重复执行

　面向 (小猫 ▼)

　移动 (5) 步 ← 这个指令块开始了追逐

　如果 〈 碰到 (小猫 ▼)？ 〉 那么

　　停止 [全部脚本 ▼]

37 运行游戏，看看是否好玩。你会发现
要躲避章鱼实在是太困难了，因为它
移动得太快。把移动的步数改为2，
就可以减缓章鱼的速度。

移动 (2) 步

↖ 这个数字控制了章鱼
的移动速度

把"得分"指令块拖
到移动指令的小圆窗
口里

得分

↓

移动 (2) 步

章鱼的移动步数
将会和得分数保
持一致

移动 〔 得分 〕 步

38 你还可以让游戏在玩的过程中变得越来越难。选中
最初的那个章鱼角色，点击指令块面板中的"变
量"组，把"得分"指令块拖到章鱼的移动指令中。
现在试一下游戏，你的得分越多，章鱼就会游得越
快！

39 如果游戏很快变得非常难，我们可以想办法让它变慢
一点。在指令块面板中选择"运算"组，然后找到绿
色的除法指令块（"/"），重新移动组合指令块，让
它的样子和下图相同。在第二个小圆窗口里填入3。

绿色的除法指令块会把"得分"
除以3，让章鱼的速度增加得
更平缓

移动 〔 得分 / ③ 〕 步

40 现在，我们要让第三只章鱼用一种固定的模式巡游。使用一个新的动作指令块可以让它从一个地方平滑地移动到另一个地方。把第三只章鱼的代码替换成如下两段，它们会同时运行，一段检查碰撞，另一段让章鱼沿着它的巡游路线移动。

在代码区里的两段代码是分开的

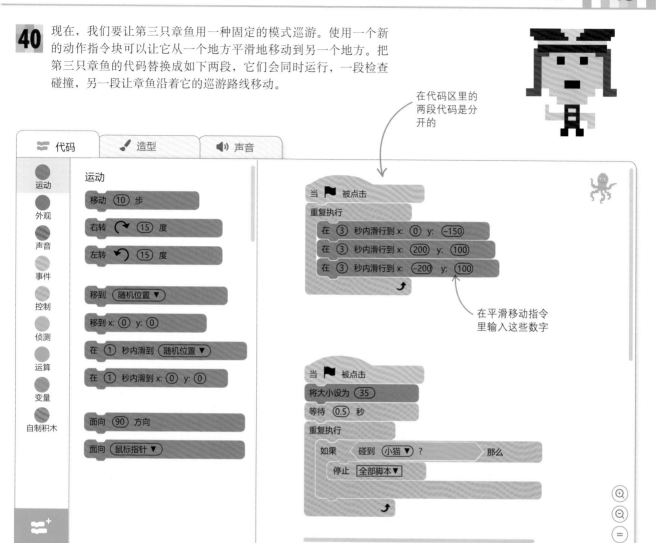

在平滑移动指令里输入这些数字

41 现在运行游戏，注意观察第三只章鱼。它应该会在一个三角形的路线上重复运动。

要改变三角形的形状，请尝试在平滑移动指令中输入不同的数字

我觉得我在转圈游泳……

修正与微调

你已经创建了一个自己的游戏，但这仅仅是一个开始。你也许会发现一些需要修复的程序错误，又或者想让游戏变得更难或更简单一些。Scratch 可以让你尽可能地修改、调整游戏。下面是对初学者的一些建议。

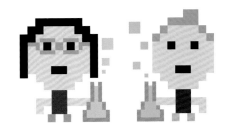

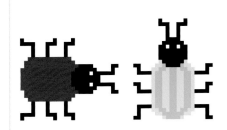

▽修正第二只章鱼的程序漏洞

在游戏结束时，如果第二只章鱼停止于舞台右上角，那么在下一局开始时，它就会立刻捕获玩家，让游戏过早结束。这是一个漏洞，想要修复这个问题，你可以在每次游戏开始的时候，把它从角落里挪开。但是，更好的解决办法是利用代码让它自动移开。在第二只章鱼的代码顶部，插入一个"移到"指令块，把它移动到舞台的中央。

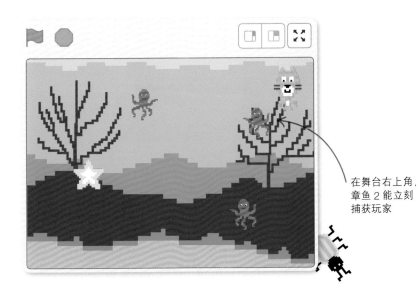

在舞台右上角，章鱼 2 能立刻捕获玩家

· · · 术语

臭虫（Bugs）

所谓臭虫（Bugs）就是指程序中的错误和漏洞。第一台计算机曾经出现了错误，原因竟然是一只真正的虫子爬进了电路板。臭虫（Bugs）的名字就是这么来的。今天，程序员们常常要花费大量的时间用于修复各种"臭虫"（Bugs）。

添加这个指令块，在游戏开始的时候，让章鱼 2 出现在舞台中央

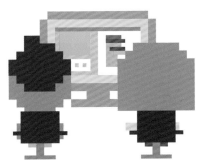

△优化

好游戏都会经过仔细地测试，以保证它们能运行良好。每次你做了修改，都要进行测试。最好邀请朋友们来玩你的游戏，看看它们能否工作得很顺畅。

▽不同的颜色

使用"外观"组中的"将颜色特效设定为"指令可以为章鱼设置不同的颜色。把这个指令块放在"将大小设为"指令块的下面。

将 颜色 ▼ 特效设定为 50

试着把这个数字设定为从 −100 到 100 中的任何一个,看看颜色有何变化

嗨!把我变回小猫吧!

△潜水员

为了让水下世界的主题更具真实感,你可以把小猫换成潜水员。在角色列表中选中小猫,然后点击造型标签。接着点击"选择一个造型",找到潜水员造型"diver"。

▽颜色闪烁

你可以让一只章鱼持续不断地改变颜色,产生一种闪烁的效果。把下面的代码添加到所有的章鱼角色里面。在"将颜色特效增加"指令中尝试填入不同的数字。

改变这个数字,让颜色变得快一些或者慢一些

当 ▶ 被点击

重复执行

　将 颜色 ▼ 特效增加 25

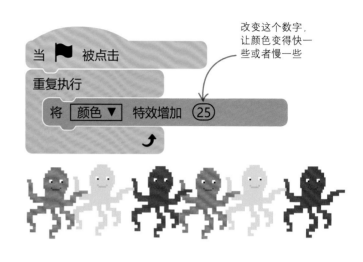

▽大小变化的乐趣

你可以通过调整角色的大小来控制游戏的难度。修改章鱼代码中深蓝色"移动"指令块的数字,会改变它们的移动速度。修改紫色的"将大小设为"指令块可以让角色变大或者变小。调整、优化这些数字,直到游戏的难度恰到好处。

将大小设为 50

将大小设为 100

当 ▶ 被点击

重复执行

　下一个造型

　等待 0.1 秒

◁游泳的动画效果

想让游戏更生动、专业一些?你可以为章鱼添加动画效果,让它们就像在游泳一样。在每一只章鱼的空白代码区内添加左侧的代码,这段代码能让章鱼在两个不同的造型之间切换。

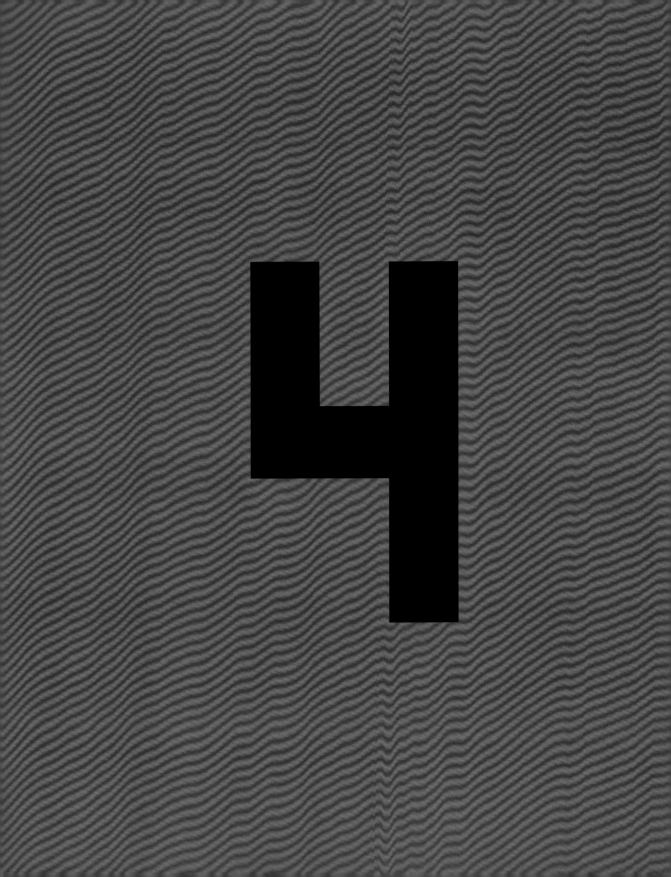

追逐奶酪

如何制作"追逐奶酪"

迷宫游戏是世界上最早出现，也是最流行的游戏之一。在迷宫游戏里，快速思考至关重要，玩家必须快速奔跑，绕过密集的转角，躲避怪兽，收集宝物。

游戏的目标

小老鼠咪咪很饿，它被困在了迷宫里。请帮助它找到奶酪，但是一定要注意躲避可恶的甲虫。还要特别小心幽灵，迷宫在闹鬼呢！

◁ 咪咪
你在游戏中是一只小老鼠。用键盘上的方向键控制小老鼠的前进方向，让它向上、下、左、右四个方向移动。

◁ 甲虫
甲虫沿着墙壁快速奔跑，当碰到墙的时候，它们会随机转向。

◁ 幽灵
幽灵可以从墙的上方飘过。它们会出其不意地出现在任何位置，然后又消失。

点击绿旗可以启动新一局游戏

点击停止标记可以终止本轮游戏

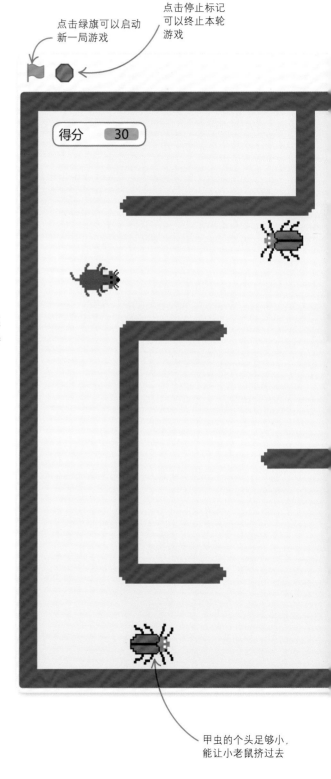

得分 30

甲虫的个头足够小，能让小老鼠挤过去

只有幽灵可以
穿过墙壁

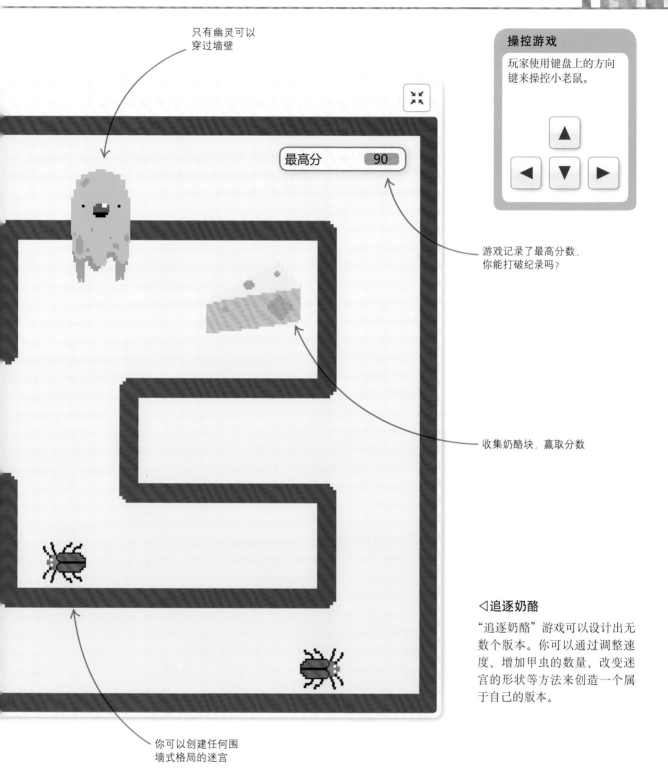

操控游戏

玩家使用键盘上的方向
键来操控小老鼠。

▲
◄ ▼ ►

最高分 90

游戏记录了最高分数，
你能打破纪录吗？

收集奶酪块，赢取分数

◁追逐奶酪

"追逐奶酪"游戏可以设计出无
数个版本。你可以通过调整速
度、增加甲虫的数量、改变迷
宫的形状等方法来创造一个属
于自己的版本。

你可以创建任何围
墙式格局的迷宫

键盘控制

在许多游戏中，玩家都用键盘来控制角色的运动方向。在这个游戏中，玩家要使用键盘上的方向键来控制小老鼠咪咪，让它在舞台上移动。让我们从键盘控制代码开始创作这个游戏吧！

1 启动 Scratch，从"文件"菜单中选择"新作品"。删除舞台上的小猫，方法是点击鼠标右键（如果使用 Mac 电脑，请同时按下"Ctrl 键 + 鼠标"），然后选择"删除"。

2 点击"选择一个角色"，从角色库中找到"Mouse1"，选中它。老鼠会同时出现在舞台上和角色列表里。将它重命名为"咪咪"。

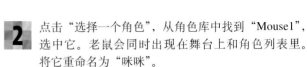

点击这里就可以打开角色库

老鼠被高亮显示，表示它是当前角色

3 把右图的代码添加到老鼠角色中，这段代码让玩家能用上移键控制老鼠向上移动。要找到每个不同颜色的指令块，请点击代码标签，然后选择对应的选项。仔细阅读代码，想一想它是如何工作的。点击绿旗，运行代码。按上移键时，小老鼠就会向上移动。

在"重复执行"方框里的指令，会无休止地重复

点击这个黑色的小三角，选择"上移↑"键

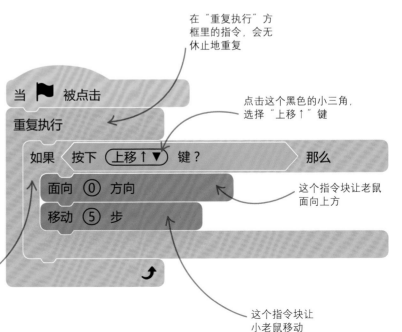

这个指令块让老鼠面向上方

这个指令块让小老鼠移动

只有在问题的答案为"是"的时候，在"如果……那么……"里面的指令块才会执行

4 想让另外 3 个方向键工作，请再添加 3 个"如果……那么……"指令块，但要选择不同的方向键和不同的运动方向。要向右移动，请选择右移键，并且把方向数值设置为 90。向下的话，将数值设定为 180，向左的话，把数值设定为 −90。仔细阅读完成后的代码，确保你完全理解它的意思。

每一个"如果……那么……"指令块，都应该放入"重复执行"里面，但是不能放到其他的"如果……那么……"指令块里面

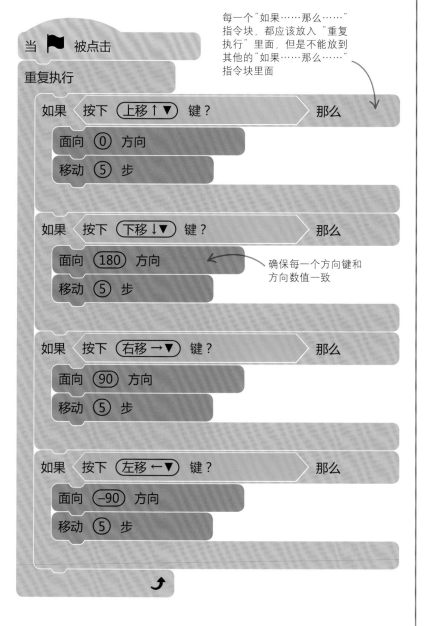

确保每一个方向键和方向数值一致

控制器

在"追逐奶酪"中，我们使用方向键来控制游戏，在"星星猎手"中，我们使用鼠标来控制游戏。其他电脑游戏会根据情况使用各种不同的控制器。

▷**主机控制器**
主机控制器通常有两个可以用拇指控制的小操纵杆，同时还有一排其他的按钮。这种控制器特别适合那些需要很多不同操作的复杂游戏。

▷**跳舞毯**
玩家通过踩踏毯子上巨大的按键来控制游戏。跳舞毯适合身体运动类游戏，但是它无法提供精确的控制。

▷**运动传感器**
这些控制器能检测到身体动作，所以特别适合体育运动类游戏。在这些游戏中，玩家通过挥动胳膊来操控游戏中的球拍。

▷**摄像机**
在某些游戏机里，利用特殊的摄像机，玩家可以通过身体动作来控制游戏。

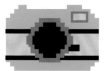

5 现在点击绿旗，运行代码。你应该能用键盘控制老鼠在舞台上向所有的方向移动。如果代码运行不正常，请回去仔细检查每一个步骤。

使用绘图编辑器

在之前的步骤中，我们已经创建了一个老鼠主角，它很饿，但是现在还没有奶酪供它追逐。Scratch 的角色库中并没有奶酪，所以你需要自己做一个。用 Scratch 的绘图编辑器就能完成这个任务。

> 我画的这块奶酪可是一幅杰作！

6 在"选择一个角色"列表中点击小小的"绘制"图标，先创建一个空白的角色。现在，绘图编辑器窗口被打开了，如下图所示。在下方点击选择"转换为位图"。

撤销

重做

造型　　　造型 1

填充

复制　粘贴　删除　水平翻转　垂直翻转

画笔

线条

圆（Shift: 正圆）

矩形（Shift: 正方形）

T

转换为矢量图

7 现在开始画奶酪。选择"画笔"工具，在"填充"菜单的调色板中选择黑色，画出奶酪的轮廓。如果你希望画出完美的直线，请使用线条工具。起初你画的奶酪可能有点大，但是稍后我们可以把它变小。

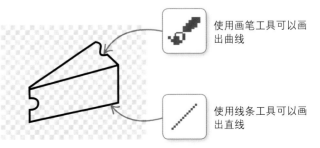

使用画笔工具可以画出曲线

使用线条工具可以画出直线

8 如果你喜欢，还可以用画圆工具在奶酪上画几个洞。在上方选择"轮廓"选项，这样就能画出空心圆而不是实心圆。

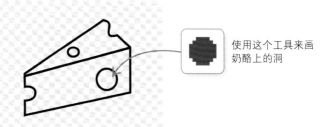

使用这个工具来画奶酪上的洞

9 现在可以添加颜色了，选择黄色，然后使用填充工具给奶酪涂满颜色。如果颜色溢出来布满了整个舞台，请点击撤销按钮。确保你要涂色的部分是一个闭合图案，然后再试一次填充功能。

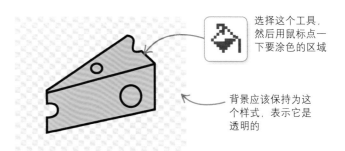

选择这个工具，然后用鼠标点一下要涂色的区域

背景应该保持为这个样式，表示它是透明的

10 要保存分数的话，我们需要创建一个名为"得分"的变量。在指令块面板中，选择"变量"，然后点击"建立一个变量"。在弹出的窗口中输入"得分"，勾选新变量前的小方框，这时分数的记录就会显示在舞台上了。

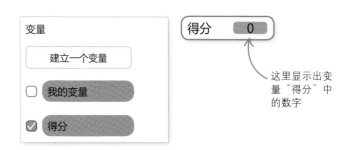

变量

建立一个变量

⬜ 我的变量

☑ 得分

得分 0

这里显示出变量"得分"中的数字

11 现在增加一段代码，它可以让奶酪出现在一个随机的位置。每次老鼠碰到奶酪，就会发出"Pop"的声音，玩家会得 10 分，而奶酪会移动到一个新的位置。运行代码，尝试去抓住奶酪。是不是看起来很简单？因为敌人还没有添加进来呢。

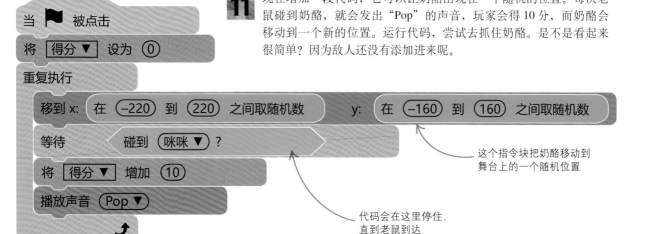

这个指令块把奶酪移动到舞台上的一个随机位置

代码会在这里停住，直到老鼠到达

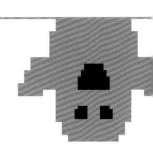

增加点恐怖气氛

在游戏中增加第一个敌人，这样它就像一个真正的游戏了。幽灵是一个
不错的选择，它能从围墙的上方飘过，所以当我们增加迷宫围墙的时候
就不需要修改代码啦。

12 点击"选择一个角色"，找到"Ghost"，把它加入作品中。将它重命名为"幽灵"。

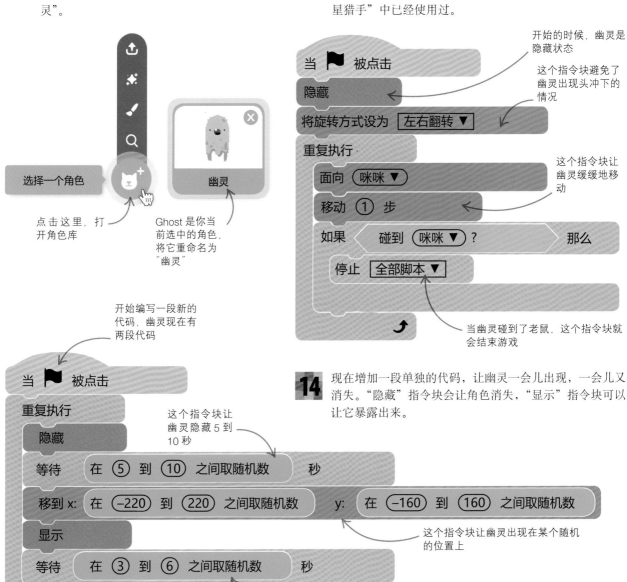

选择一个角色

点击这里，打
开角色库

幽灵

Ghost 是你当
前选中的角色，
将它重命名为
"幽灵"

13 给幽灵添加如下代码，它就会去追逐老鼠了。如果它碰到了老鼠，游戏就结束！你会发现大部分指令我们在"星星猎手"中已经使用过。

开始的时候，幽灵是
隐藏状态

```
当 ▶ 被点击
隐藏
将旋转方式设为 左右翻转 ▼
重复执行
    面向 咪咪 ▼
    移动 1 步
    如果 碰到 咪咪 ▼ ？ 那么
        停止 全部脚本 ▼
```

这个指令块避免了
幽灵出现头冲下的
情况

这个指令块让
幽灵缓缓地移
动

当幽灵碰到了老鼠，这个指令块就
会结束游戏

开始编写一段新的
代码，幽灵现在有
两段代码

```
当 ▶ 被点击
重复执行
    隐藏
    等待 在 5 到 10 之间取随机数 秒
    移到 x: 在 -220 到 220 之间取随机数    y: 在 -160 到 160 之间取随机数
    显示
    等待 在 3 到 6 之间取随机数 秒
```

这个指令块让
幽灵隐藏 5 到
10 秒

这个指令块让幽灵出现在某个随机
的位置上

14 现在增加一段单独的代码，让幽灵一会儿出现，一会儿又消失。"隐藏"指令块会让角色消失，"显示"指令块可以让它暴露出来。

这个指令块让幽灵在舞台上出现 3 ~ 6 秒

15 下一步，在游戏中增加音乐。我们通常在舞台中而不是在角色中添加音乐。在角色列表的右侧，点击"舞台"，使它变成蓝色高亮的状态。点击代码标签，添加如下代码，它会一遍又一遍地播放音乐。在指令块面板中选择"声音"，找到"播放声音等待播完"这个指令。

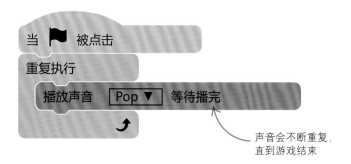

声音会不断重复，直到游戏结束

16 在指令块面板上方，点击声音标签。然后，点击喇叭图标就可以打开声音库。在上方的"可循环"类别中，选择音乐"Xylo1"。重复上述步骤，把"Dance Celebrate"也添加到作品中。

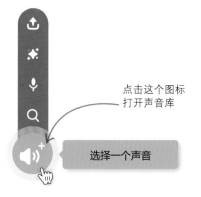

点击这个图标打开声音库

17 返回到代码标签，把原来选中的音乐"Pop"改成"Xylo1"。运行游戏，看看效果如何。然后，再试一下音乐"Dance Celebrate"，哪一个更好些？

点击这个小三角，选择某个音乐

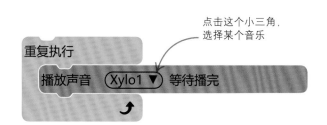

：：**游戏设计**

游戏中的音乐

看恐怖电影的时候，如果关闭声音，就不会感到那么害怕了。游戏也一样。音乐会营造出一种氛围。一个快节奏的游戏会使用带有强劲节拍的音乐，让你感到更加急迫。一个鬼魅的游戏会使用阴森的音乐让你感到不安，轻快、活泼的音乐会破坏这样的氛围。谜题类的游戏通常使用带有回音、怪诞音调的音乐，以制造一种神秘感。在有些游戏的玩法中，音乐是其中的关键部分，比如玩家必须根据音乐的节奏来跳舞或者按下按钮。

你永远不知道我会从哪里冒出来！

制作迷宫

老鼠咪咪已经可以在舞台上随意奔跑了。现在,我们来创造一个阻碍它的迷宫。迷宫会增加小老鼠从一个地方跑到另一个地方的难度,给游戏增加更多的挑战。

迷宫入口

18 将迷宫作为角色,而不是舞台背景,这样做的好处是能方便地检测其他角色有没有碰到它。我们要在绘图编辑器中绘制迷宫。点击"选择一个角色"中的"绘制"图标,把角色的名字改成"迷宫"。

把这个角色的名字
修改为"迷宫"

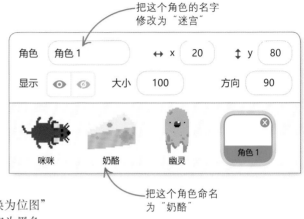

把这个角色命名
为"奶酪"

19 现在你可以开始使用绘图编辑器了。点击"转换为位图"按钮。选择线条工具,粗细设置为20,颜色设定为黑色,然后用它来画迷宫的围墙。

在绘制迷宫之前,
选择所需的颜色

线条

在空白区域绘制
迷宫

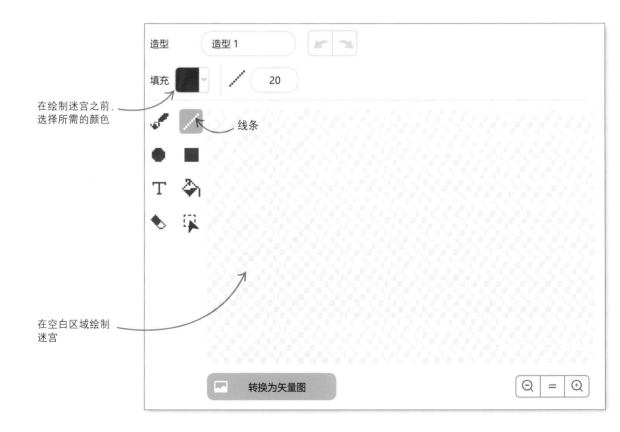

20 现在开始画迷宫。首先，在整个画布马赛克区域边缘，画出迷宫的外部轮廓。画的时候同时按住 Shift 键，能确保你画出的直线是完全水平或垂直的。然后，添加内部的围墙。

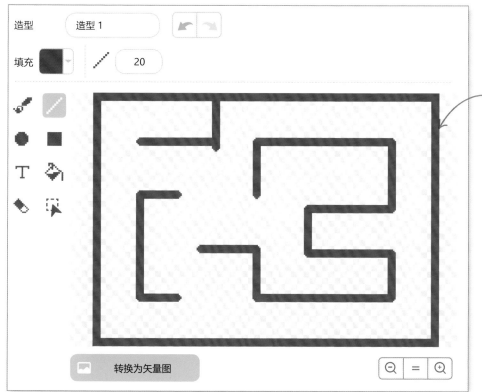

确保迷宫的线条
是笔直的

21 最后，我们需要添加一段代码以确保迷宫总是出现在舞台的中央，完全显示出来。选中迷宫角色，然后点击代码标签，添加如下代码。

当 🚩 被点击

移到 x: ⓪ y: ⓪

在舞台的中央，x
是 0，y 也是 0

22 运行这个作品，你会发现老鼠咪咪穿越了围墙。别担心，我们稍后会修复这个问题。

23 老鼠咪咪、幽灵和奶酪对于迷宫来说都太大了，我们需要把它们缩小。在老鼠咪咪的代码开始位置，"重复执行"的上面，添加如下的指令块，并且把对应的数字填写进去。

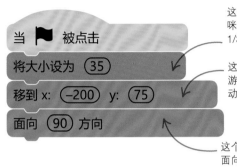

这个指令会让老鼠咪咪变得只有原来1/3那么大

这个指令会让它在游戏开始的时候移动到舞台的左上方

这个指令块会让它面向右方

24 现在，在幽灵的代码中添加一个紫色的"将大小设为"指令块，把幽灵的尺寸设定为35。在奶酪的代码中添加同一个指令块，调整奶酪的大小，直到奶酪刚好是老鼠咪咪的两倍大。

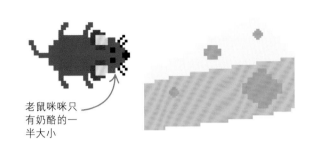

老鼠咪咪只有奶酪的一半大小

25 你可能需要调整迷宫的造型，确保老鼠咪咪能够穿越所有的通道，还要留下足够的空间让它的敌人也能通过（我们随后会添加这些敌人）。要修改迷宫，先选择迷宫角色，然后点击造型标签。可以使用橡皮擦工具擦掉围墙，或者使用选择工具移动围墙。

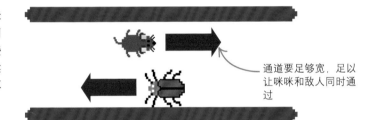

通道要足够宽，足以让咪咪和敌人同时通过

26 使用橡皮擦工具时要小心，千万别留下一些斑点，因为当小老鼠碰到这些斑点就会停止运动。仔细检查迷宫围墙的拐角处，看看有没有突出的部分，这些小鼓包会粘住小老鼠，要把它们都擦除干净。

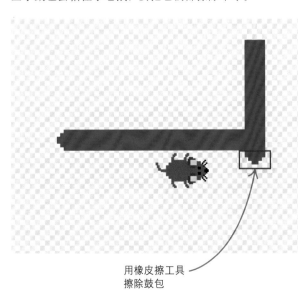

用橡皮擦工具擦除鼓包

27 给舞台涂色，为整个游戏画面添加一个背景色，注意不是修改迷宫角色！在屏幕右下方，舞台信息显示区，背景选项中点击"绘制"图标。这时绘图编辑器会打开，点击底部的"转换为位图"按钮。

点击这里，画一幅新的舞台背景

选择一个背景

28 选中一个颜色，然后点击填充工具，在舞台背景中点一下，用这个颜色涂满整个舞台。

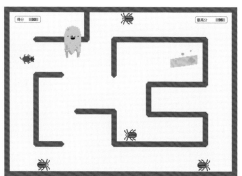 

试一试不同的颜色，看看哪一种效果最棒

■ ■ 游戏设计

游戏中的空间

如何分布障碍物对于游戏的玩法有很大的影响。迷宫就是展示障碍设计重要性的完美例子。

围墙限制了运动

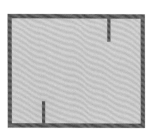 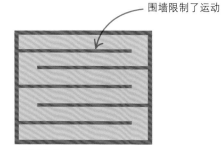 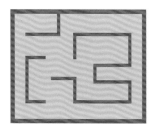

开放空间

基本上，玩家可以朝着任何方向移动。像这样的游戏就需要有快速移动的敌人，或者敌人的数量很多，这样游戏才会好玩。

封闭空间

玩家被迫在一个受限制的道路上移动。只要有一个敌人沿着通道巡逻，就会让游戏变得很难。玩家必须提前想好如何避免被捉到。

平衡空间

"追逐奶酪"就属于这样的设计。它给玩家的活动空间增加了一些限制，让游戏变得更有趣，但是玩家还是可以自由运动的。

困住老鼠

咪咪现在像幽灵一样可以直接穿过围墙，但是我们想把它限制在通道之内。是时候来修改它的代码了。

29 选中角色咪咪，然后把右边的指令块拖到代码区的空白处。这一串指令块可以让咪咪在撞到墙壁的时候反弹回来。

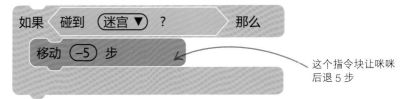

这个指令块让咪咪后退 5 步

30 在咪咪的主代码中，把上述指令块插入 4 次。要想复制指令块，请在指令块上点击鼠标右键（如果使用 Mac 电脑，请同时按下"Ctrl 键 + 鼠标"），然后选择"复制"。把复制好的指令块插到每一个"移动 5 步"的指令后面。

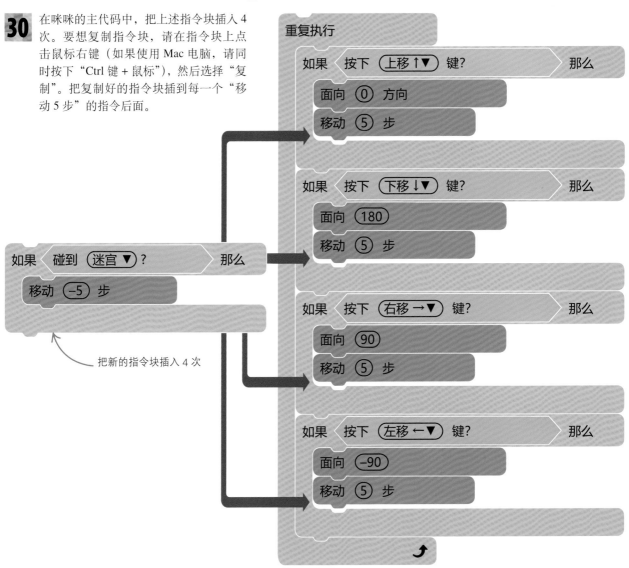

把新的指令块插入 4 次

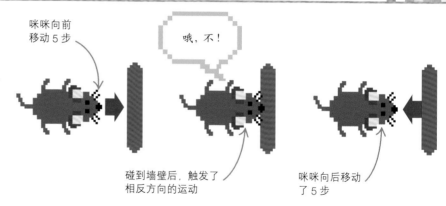

咪咪向前移动5步

哦，不！

碰到墙壁后，触发了相反方向的运动

咪咪向后移动了5步

▷ 反弹是怎么做出来的？

你也许很好奇为什么咪咪必须倒退5步？因为它每次会正常向前移动5步，向后运动抵消了向前的运动，这样它就会保持静止不动。这个过程很快，所以你都看不见它弹回来。

31 如果咪咪在拐弯的时候，尾巴或者爪子碰到了墙壁，那么它就会被粘住。我们可以通过改变咪咪的造型来修正这个漏洞。

如果咪咪的尾巴碰到了墙壁，它就会停止前进

32 在角色列表中选择"咪咪"，然后点击指令块面板上方的造型标签，选择下方的"转换为位图"，然后用橡皮擦工具把咪咪的尾巴修短一点。

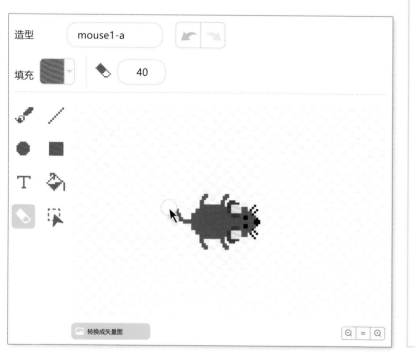

造型　mouse1-a

填充　　　40

转换成矢量图

专家提示

包围盒

游戏开发者常常面临一个艰巨的任务，就是如何检测那些形状复杂的角色之间是否发生了碰撞。即使在二维游戏中，碰撞检测也常常会出问题，比如角色会粘在一起，或者实心的物体会发生融合。一种常用的方法是使用"包围盒"——围绕角色的隐身矩形或圆形边框。当这些比较简单的外围边框有接触时，程序就会报告一个碰撞发生。在三维游戏里，包围盒通常是球形或立方体，它们能起到同样的作用。

甲虫狂潮

现在主要的敌人要出场了：一队可恶的甲虫在迷宫中快速地穿梭。如果小老鼠撞到任何一个，游戏就结束了。

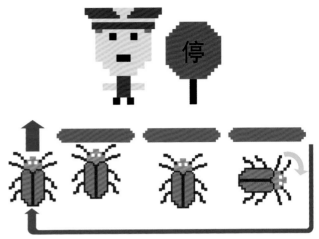

33 为了让甲虫自动行走，你需要创建一系列步骤让它们去执行。程序员把这一系列的步骤称为"算法"。我们的算法会告诉每一只甲虫向前移动，直到碰到围墙。然后，它会停下，改变方向，继续向前移动。

34 点击"选择一个角色"，找到"Beetle"，把它重命名为"甲虫"。

将 Beetle 重命名为"甲虫"

35 添加如下代码可以设置甲虫的大小、位置、方向。这段代码使用"重复执行"指令块让甲虫不停地移动，当碰到围墙，"如果……那么……"指令块会让它停止，并且向右转。

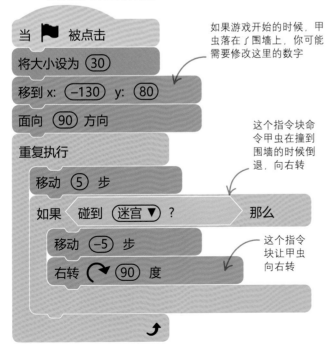

如果游戏开始的时候，甲虫落在了围墙上，你可能需要修改这里的数字

这个指令块命令甲虫在撞到围墙的时候倒退，向右转

这个指令块让甲虫向右转

36 运行代码。你会注意到一个小问题：甲虫总是向右转，最后会重复地兜圈子。我们要修改一下代码，让甲虫可以向左或向右随机转向。要实现随机效果，可以使用"在××到××之间取随机数"指令块。把它拖到代码区的空白处，然后把第二个数字设定为 2。

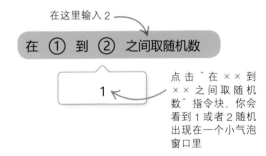

在这里输入 2

点击"在××到××之间取随机数"指令块，你会看到 1 或者 2 随机出现在一个小气泡窗口里

37 现在把"在 1 到 2 之间取随机数"指令块放入"等号"指令块的第一个窗口，然后把"等号"指令块放入"如果……那么……否则……"指令块中。

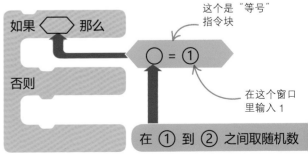

这个是"等号"指令块

在这个窗口里输入 1

38 添加两个"旋转90度"指令块,让甲虫能向左转或者向右转。
仔细阅读代码,看看你是否完全理解它是如何工作的。

如果 〈 在 ① 到 ② 之间取随机数 = ① 〉 那么
　　左转 ↺ (90) 度
否则
　　右转 ↻ (90) 度

39 把原来代码中的"右转90度"指令块挪走,用拼接好的"如果……那么……否则……"指令块替代它,像下图这样。运行这个作品,看看发生了什么。检查一下是否有足够的空间能让老鼠咪咪从甲虫边上挤过去,如果空间不够,用绘图编辑器重新调整一下迷宫。

当 🚩 被点击
将大小设为 (30)
移到 x: (−130) y: (80)
面向 (90 ▼) 方向
重复执行
　　移动 (5) 步
　　如果 〈 碰到 (迷宫 ▼) ? 〉 那么
　　　　移动 (−5) 步
　　　　如果 〈 在 ① 到 ② 之间取随机数 = ① 〉 那么
　　　　　　左转 ↺ (90) 度
　　　　否则
　　　　　　右转 ↻ (90) 度

只有当甲虫碰到了迷宫,在"如果……那么……"指令块中的那些指令才会执行

专家提示

如果……那么…… 否则……

"如果……那么……否则……"指令块和"如果……那么……"指令块很相似,只是它多了另一个选择。一个普通的"如果……那么……"指令块会提出一个问题,当回答为"是",就会执行它内部的指令块。"如果……那么……否则……"指令块包含两组指令块:回答为"是",那么执行第一组指令,当回答为"否",那么执行另一组指令。单词"如果"(if)、"那么"(then)、"否则"(else)几乎在所有的计算机语言中都会使用,它们用于在两个选择中做出决定。

当回答为"是"的时候,执行第一个窗口里的指令块

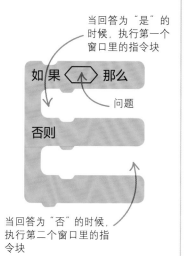

如果 〈 〉 那么

问题

否则

当回答为"否"的时候,执行第二个窗口里的指令块

发送消息

下一步要做的就是当老鼠咪咪碰到甲虫，甲虫就要让游戏终止。这一次我们不用在老鼠咪咪的代码里添加另一个"碰到"指令块，而是改用"消息"。Scratch 允许你在角色之间发送消息，启动代码。甲虫会发送一条消息给咪咪，让它停止运行自己的代码。

40 在甲虫的代码中，添加如下的"如果……那么……"指令块。新添加的指令会检测甲虫有没有碰到老鼠咪咪，如果碰到了，那么它就会发出一条消息。在"碰到"指令中，选择"咪咪"。

我有个消息要告诉你。

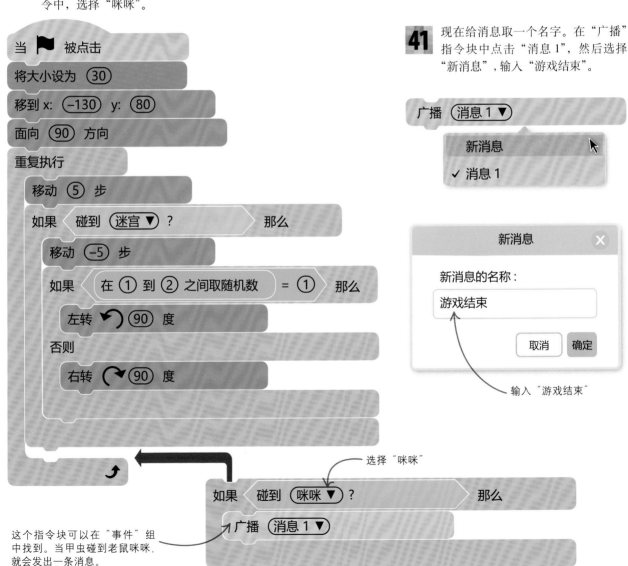

41 现在给消息取一个名字。在"广播"指令块中点击"消息 1"，然后选择"新消息"，输入"游戏结束"。

广播 (消息 1 ▼)

新消息
✓ 消息 1

新消息 ✕

新消息的名称：

游戏结束

取消   确定

输入"游戏结束"

当 ▶ 被点击

将大小设为 (30)

移到 x: (−130) y: (80)

面向 (90) 方向

重复执行

移动 (5) 步

如果 〈碰到 (迷宫 ▼) ?〉 那么

移动 (−5) 步

如果 〈在 ① 到 ② 之间取随机数 = ①〉 那么

左转 ↺ (90) 度

否则

右转 ↻ (90) 度

选择"咪咪"

如果 〈碰到 (咪咪 ▼) ?〉 那么

广播 (消息 1 ▼)

这个指令块可以在"事件"组中找到。当甲虫碰到老鼠咪咪，就会发出一条消息。

42 现在给老鼠咪咪增加一个额外的代码用来接收消息。把右图的指令块拖到代码区的空白处，尝试让游戏结束。当咪咪碰到甲虫时，就会停止移动，但是甲虫还会一直移动。等一会儿，我们还会利用一个消息来显示"游戏结束"的标记。

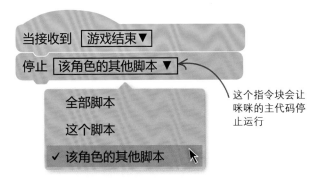

这个指令块会让咪咪的主代码停止运行

43 游戏里需要更多的甲虫。要复制甲虫，只需要用鼠标右键（如果使用 Mac 电脑，请同时按下"Ctrl键 + 鼠标"）点击甲虫角色，然后选择"复制"就可以了。所有复制出来的甲虫都会有同样的代码。运行你的游戏，看看发生了什么。

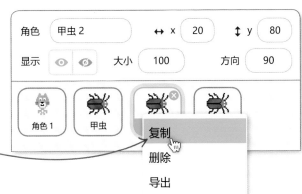

选择"复制"就可以创建新的甲虫

44 你需要修改每只新甲虫的"移动"指令，把里面的数字改成不一样的，这样它们就不会在同一个位置上启动。从不同的角落出发效果会很棒，试试看吧！

甲虫从角落里出发

得分　30

专家提示

消息

消息提供了一种巧妙的方法，可以让角色互相协作。我们也可以让老鼠咪咪检测它是否碰到了甲虫，但是这意味着我们要增加 4 对"如果……那么……"和"碰到"指令块，因为有 4 只甲虫需要检测。但是利用消息的话，我们可以增加很多甲虫却不需要修改老鼠咪咪的代码。

最高分

设置一个最高分，激励玩家努力打破纪录，这会让游戏变得更加有趣。我们利用和记录分数一样的方法来实现这个功能：新建一个变量，然后让它显示在舞台上。

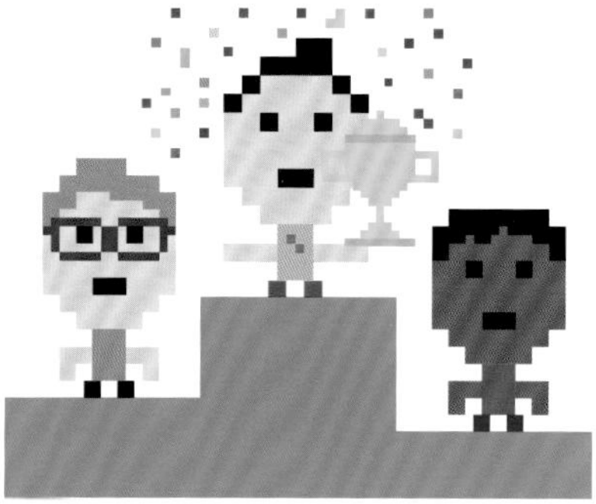

45 选择指令块面板上“变量”组，然后点击“建立一个变量”，创建一个名为“最高分”的变量。一个新的指令块出现了，并且在舞台上显示最高分的纪录。你可以把它拖到舞台的任何位置上。

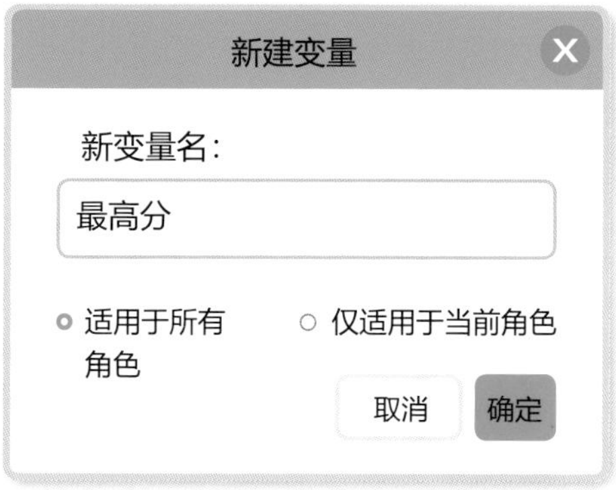
新建变量
新变量名:
最高分
适用于所有角色
仅适用于当前角色
取消
确定

46 现在，在奶酪角色的“重复执行”循环中添加一些指令块，每当玩家得分时，它们就会检测这是不是一个新的最高分。运行作品，看看是否有人能打破你的最高分纪录。

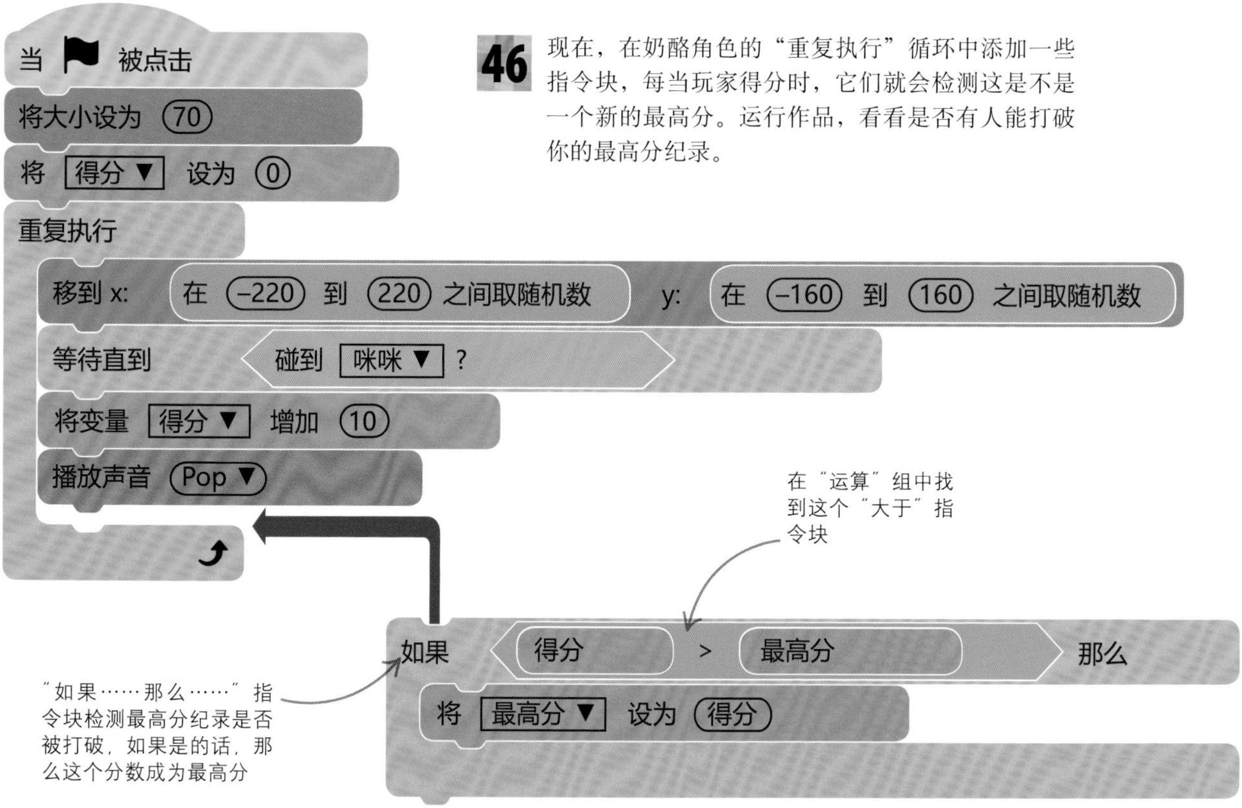
当 被点击
将大小设为 70
将 得分 ▼ 设为 0
重复执行
移到 x: 在 −220 到 220 之间取随机数 y: 在 −160 到 160 之间取随机数
等待直到 碰到 咪咪 ▼ ?
将变量 得分 ▼ 增加 10
播放声音 Pop ▼
如果 得分 > 最高分 那么
将 最高分 ▼ 设为 得分
在“运算”组中找到这个“大于”指令块
“如果……那么……”指令块检测最高分纪录是否被打破，如果是的话，那么这个分数成为最高分

游戏结束

到目前为止，游戏结束的唯一信号就是老鼠停止运动了。我们可以给游戏添加更明显的结束标记，显示大大的粗体字："游戏结束！"要实现这个目标，你需要创建一个新的"游戏结束"角色，然后使用"游戏结束"的消息让它显示出来。

47 在角色菜单中，点击"绘制"，用绘图编辑器创建一个新的角色。点击"转换为位图"，画一个矩形，在内部填充黑色。然后切换到矢量图模式，选择一种明亮的颜色，使用文本工具输入"游戏结束！"。把字体修改为"Sans Serif"，然后使用选择工具放大文字。

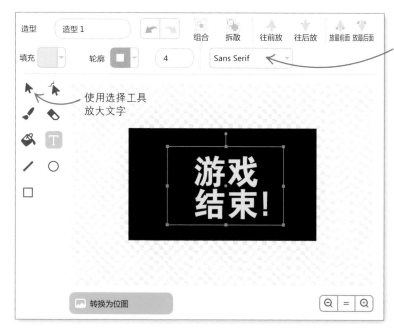

48 在游戏真正结束之前，你是不希望"游戏结束！"显示出来的，所以我们先把文字角色隐藏起来。切换到代码标签，然后添加右边这些指令块。

49 现在增加一段代码，当游戏结束时，它能让文字角色显示出来。你可以使用让老鼠咪咪停止的那个消息，接收到消息后文字会显示出来。

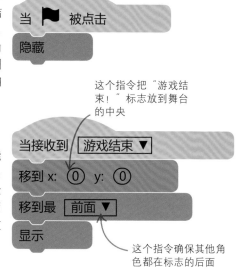

这个指令把"游戏结束！"标志放到舞台的中央

这个指令确保其他角色都在标志的后面

50 运行游戏。当你被甲虫抓住后，应该能看到"游戏结束！"的标志。如果碰到幽灵，游戏也会结束，标志也需要显示出来，那么就把"停止全部脚本"更换成"广播游戏结束"指令块。

修正与微调

为"追逐奶酪"游戏设计后续关卡很简单，你
只须调整一下游戏的规则和角色的运动方式。
你还可以尝试对游戏大幅修改，把它变成一款
完全不同的游戏。

◁**多玩一玩**

你需要玩很多遍游戏才能发现哪些地
方做得比较好，哪些地方还需要改
进。邀请其他人一起来玩。你可以调
整游戏中的很多特性，最终找到完美
的方案：一个玩家和敌人的能力完美
平衡的游戏。

△**添加声音**

用"播放声音"指令块播放一些音效，会让游戏
变得更活泼。比如在幽灵出现的时候，在游戏结
束的时候，或者当你打破纪录的时候。在 Scratch
的声音库里有很多音效，你可以多多尝试。

▷**调整时间**

你也许发现了"追逐奶酪"比"星星
猎手"难得多。如果想让游戏变简单，
可以让甲虫爬得慢一点，或者让幽灵
停留的时间短一些，也可以加快老鼠
的移动速度。为了让游戏变化多端，
可以让每只甲虫都用不同的速度运行。

▷**火箭能量**

增加一个能量加速器，当老鼠碰
到它，就会让所有的敌人消失
10 秒钟。要完成这个设置，你
需要增加一个新角色，还有一个
消息，它可以触发每个敌人"隐
藏—等待—显示"的代码。

▽**奶酪消失**

还有一个方法能增加游戏的挑战性，让奶酪在一个地点只停留 10 秒
钟，然后就会消失，移动到另外一个地方。这样的设计会迫使玩家
必须快跑。想实现这个效果，可以为奶酪添加一个额外的代码，在
"重复执行"的指令块中插入一个"等待 10 秒"的指令，后面跟随
一个"移到"指令块。

这个指令块为奶酪选
择了一个随机的位置

▷不要碰到围墙

我们可以在老鼠碰到墙壁时让游戏终止。在迷宫角色中增加一段代码,当老鼠碰到迷宫,这个角色就会广播一个消息,这会让游戏变得更难。想让游戏再难一点,可以调整玩家用键盘控制老鼠的方法,改用鼠标。游戏就变成了对手部稳定性的一个测试!

添加游戏指南

在游戏开始之前,玩家都喜欢阅读清晰的游戏指南。下面是 3 种添加游戏指南的方法。

▽说明文字角色

可以用绘图编辑器创建一个"说明文字"角色,方法和创建"游戏结束"角色一样。为它编写如下代码,在游戏开始的时候显示出来,玩家按下空格键后能将其隐藏。

▽作品页

添加游戏指南最简单的方式就是在作品页的说明框里直接输入。你需要用在线 Scratch 账号登录后才可以这样做。

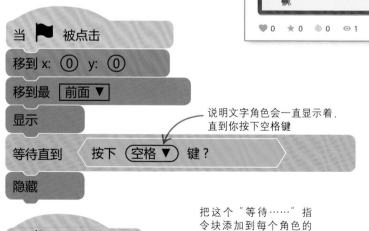

说明文字角色会一直显示着,直到你按下空格键

把这个"等待……"指令块添加到每个角色的开始部分。这样,所有角色在游戏开始之前都不会移动。

▽话语泡泡

你可以通过角色话泡来告诉玩家这个游戏的说明。给老鼠咪咪增加一个"说"指令块,来给玩家解释游戏。别忘了在敌人的代码中添加一个"等待"指令块,否则可能游戏还没有正式开始你就已经挂了!

按我说的做!

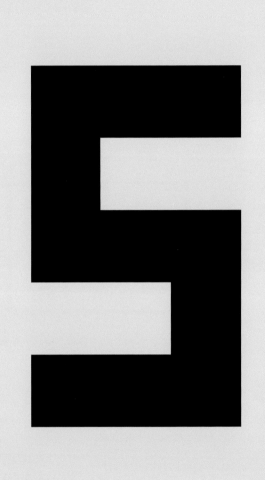

圆圈战争

如何制作"圆圈战争"

在这个快节奏的游戏"圆圈战争"中，你必须用闪电般的反应去捕捉绿色圆圈，同时红色圆圈在对你步步紧逼。游戏使用了 Scratch 的克隆特性，克隆会把一个角色变成邪恶的复制品大军。

游戏的目标

玩家用鼠标在屏幕上移动一个蓝色圆圈，既要去捕捉淡绿色的圆圈，又要避开红色的圆圈，这些红色圆圈就像是朝着你进发的僵尸大军。当绿色实心圆圈和红色实心圆圈在屏幕上漫游的时候，它们会不停地生产自己的复制品。分数超过 20，玩家就获胜，分数低于 -20 就输了！

◁**玩家**

玩家是蓝色圆圈。如果你不能快速移动，敌人很快就会把你吞噬掉！

◁**朋友**

绿色圆圈是朋友。当你碰到一个绿色圆圈，就会得一分，然后这个圆圈就随着气泡破裂的声音消失了。

◁**敌人**

要小心地避开红色的敌人圆圈，碰到一个红色圆圈就会被扣掉 3 分，然后红色圆圈就会随着铜钹的撞击声消失。

计时器显示游戏持续了多长时间

当玩家碰到绿色或者红色的圆圈，分数会增加或者减少

| 得分 | 8 |
| 时间 | 23.5 |

绿色实心圆圈会复制出很多友好的克隆体

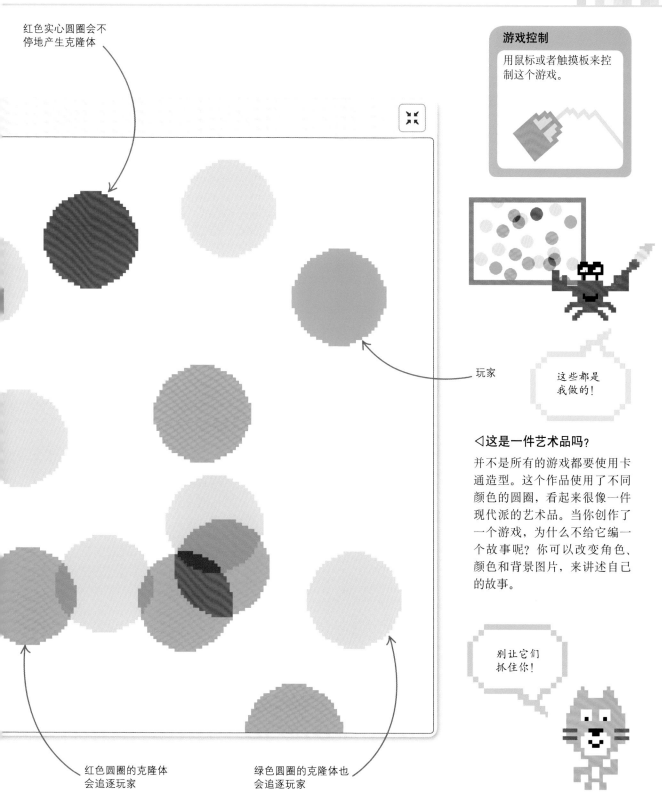

红色实心圆圈会不
停地产生克隆体

游戏控制

用鼠标或者触摸板来控
制这个游戏。

玩家

这些都是
我做的!

◁**这是一件艺术品吗?**

并不是所有的游戏都要使用卡
通造型。这个作品使用了不同
颜色的圆圈,看起来很像一件
现代派的艺术品。当你创作了
一个游戏,为什么不给它编一
个故事呢?你可以改变角色、
颜色和背景图片,来讲述自己
的故事。

别让它们
抓住你!

红色圆圈的克隆体
会追逐玩家

绿色圆圈的克隆体也
会追逐玩家

创建角色

首先，你需要为游戏创建 3 个主要的角色。这些角色只是简单的带颜色的圆圈，你可以自己来画。让我们先根据如下步骤创建玩家控制的角色——蓝色圆圈。

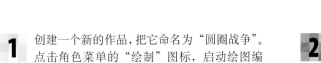

玩家圆圈   朋友圆圈   敌人圆圈

1 创建一个新的作品，把它命名为"圆圈战争"。点击角色菜单的"绘制"图标，启动绘图编辑器，开始画一个新角色。

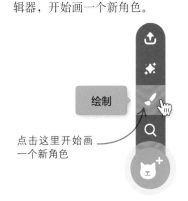

绘制

点击这里开始画一个新角色

2 要画一个蓝色的圆圈，首先点击左下方的"转换为位图"，然后在调色板中选择蓝色。

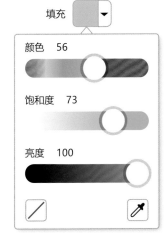

填充

颜色 56

饱和度 73

亮度 100

3 在左侧选择画圆的工具，然后在绘图编辑器的上方选择实心图案（不要选择空心轮廓）。

画圆工具

实心 轮廓

选择实心图案

4 按下 Shift 键（这能让你画出一个正圆而不是椭圆），同时按下、拉动鼠标，画出一个圆圈，大小和小猫头差不多。当你觉得圆圈大小合适后，就可以删掉小猫角色。将新角色重命名为"玩家"。

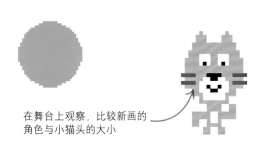

在舞台上观察，比较新画的角色与小猫头的大小

🐾 **专家提示**

改变圆圈的大小

如果你觉得圆圈太大或者太小了，可以用"选择" ⟳ 工具调整它的尺寸。在绘图区中，点击角色拖拽光标，会出现一个旋转工具。

拖动四角调整圆圈的尺寸

制作朋友和敌人

现在可以开始制作绿色的朋友和红色的敌人。如果你愿意，也可以使用其他颜色，但是要确保玩家能很容易地识别这 3 种圆圈。

选择"复制"功能，生成一个角色的复制品

5 用鼠标右键点击玩家角色，然后选择"复制"。像这样做两次，你就会有 3 个蓝色的圆圈了。把角色名称"玩家 2"改成"朋友"，"玩家 3"改成"敌人"。

6 选择朋友角色，然后点击造型标签。在调色板中选择绿色，然后选中填充工具，再点击一下蓝色圆圈的内部，这样就把它变成绿色了。

填充工具

点击蓝色圆圈内部，把它变成绿色

7 对敌人角色重复上述动作，但是把它涂成红色。你现在有了 3 个不同颜色的角色。

我有几个朋友和很多海葵来对付敌人！

即时玩家操控

现在我们添加一个得分显示，再加一段代码让玩家角色"粘"在鼠标上，这和"星星猎手"中的操作类似。

9 添加如下代码让蓝色圆圈跟随鼠标移动。仔细阅读代码，确保你明白它的含义。运行代码，看看它是否有效。红色和绿色圆圈暂时还什么都不会做呢。

8 选中玩家角色，点击"变量"，新建一个变量"得分"。勾选变量指令块前的小方框，这样它就会显示在舞台上了。

这个指令块把玩家角色"粘"在鼠标上

克隆大军

通过绿色和红色圆圈这两个角色，你就可以创造出一队朋友和敌人大军，它们会跟随在玩家控制的蓝色圆圈后面。要实现这个神奇的效果，你需要使用"克隆"功能。我们先让朋友角色在舞台上随机运动起来。

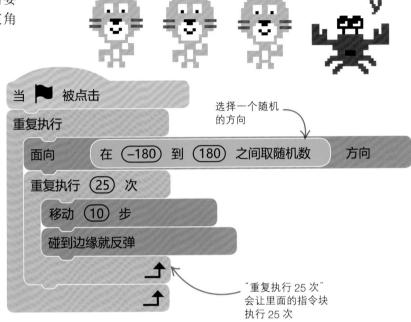

10 选中绿色的朋友角色。添加这段代码让它在舞台上每间隔 250 步就会朝一个随机的方向反弹运动。

选择一个随机的方向

> 当 🚩 被点击
>
> 重复执行
>
> > 面向 (在 (−180) 到 (180) 之间取随机数) 方向
> >
> > 重复执行 (25) 次
> >
> > > 移动 (10) 步
> > >
> > > 碰到边缘就反弹

"重复执行 25 次"会让里面的指令块执行 25 次

11 运行作品，观察绿色圆圈在舞台上难以预测的路线。朋友角色会 10 步一跳地移动 250 步，不会卡在墙那边。在 250 步之后，"重复执行"的循环又回到了开始位置，角色随机改变了方向，重新出发了。

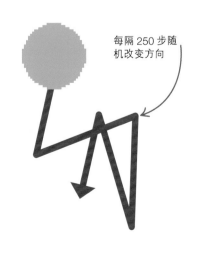

每隔 250 步随机改变方向

⚫⚫⚫ **专家提示**

重复执行

你已经知道"重复执行"指令会让一组指令块永不停止地执行。"重复执行 × × 次"指令块操作类似，但是只让指令执行规定的次数。这样的循环指令有时候被称为"for 循环"，因为在英语中，我们会在 for 后面加上次数。右图的例子显示，重复 4 次，就画出了一个正方形。

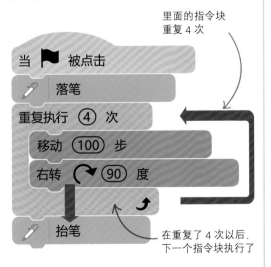

里面的指令块重复 4 次

> 当 🚩 被点击
>
> 🖊 落笔
>
> 重复执行 (4) 次
>
> > 移动 (100) 步
> >
> > 右转 ↻ (90) 度
>
> 🖊 抬笔

在重复了 4 次以后，下一个指令块执行了

生成克隆体

现在，开始创建朋友克隆体大军。我们的目标是抓住这些克隆体赢得分数。

12 在"重复执行"指令块的最后，添加一个"克隆自己"指令块。你可以在橙色的"控制"组中找到这个指令。在朋友角色移动 250 步以后，这个指令块就会创建一个它自己的克隆体。

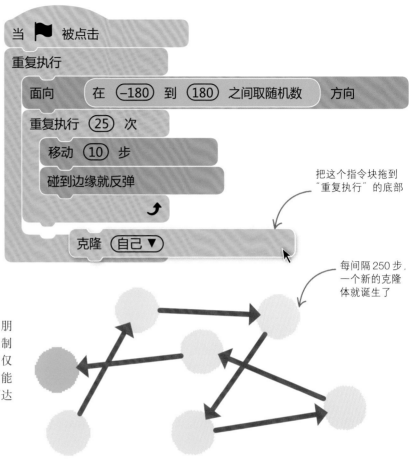

当 ▶ 被点击
重复执行
　面向 在 −180 到 180 之间取随机数 方向
　重复执行 25 次
　　移动 10 步
　　碰到边缘就反弹
　克隆 自己 ▼

把这个指令块拖到"重复执行"的底部

每间隔 250 步，一个新的克隆体就诞生了

13 运行作品。每次改变方向的时候，朋友角色就会留下一个它自己的复制品——一个克隆体。克隆体不仅仅是一张图片，而是原来角色的全功能复制品，你可以对每一个克隆体下达指令。

14 新的克隆体被一段特殊的代码控制，这段代码以"当作为克隆体启动时"为开头。把右边的代码添加到朋友角色中，它会让克隆体朝着玩家移动 300 步，然后被删除，从舞台上消失。克隆体每次只移动一步，速度比最初的那个朋友角色慢多了，最初的朋友角色每次移动 10 步。

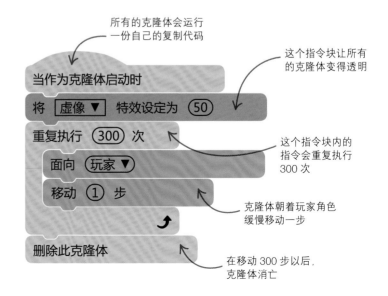

所有的克隆体会运行一份自己的复制代码

这个指令块让所有的克隆体变得透明

当作为克隆体启动时
将 虚像 ▼ 特效设定为 50
重复执行 300 次
　面向 玩家 ▼
　移动 1 步
删除此克隆体

这个指令块内的指令会重复执行 300 次

克隆体朝着玩家角色缓慢移动一步

在移动 300 步以后，克隆体消亡

15 运行代码，观察那些绿色的克隆体慢慢向玩家角色移动。别担心，它们都是好人！

销毁克隆体

朋友克隆体的最后一部分代码要检查它是否和玩家角色发生接触。如果克隆体碰到了玩家，那么就会被删除。

16 添加一个“如果……那么……”指令块，包含了右图显示的指令。这段代码会检查每次移动一步以后，是否碰到了玩家角色。现在运行作品，当你碰到绿色圆圈的时候，分数会增加，同时随着一声气泡破裂声，绿色圆圈的克隆体立刻消失了。

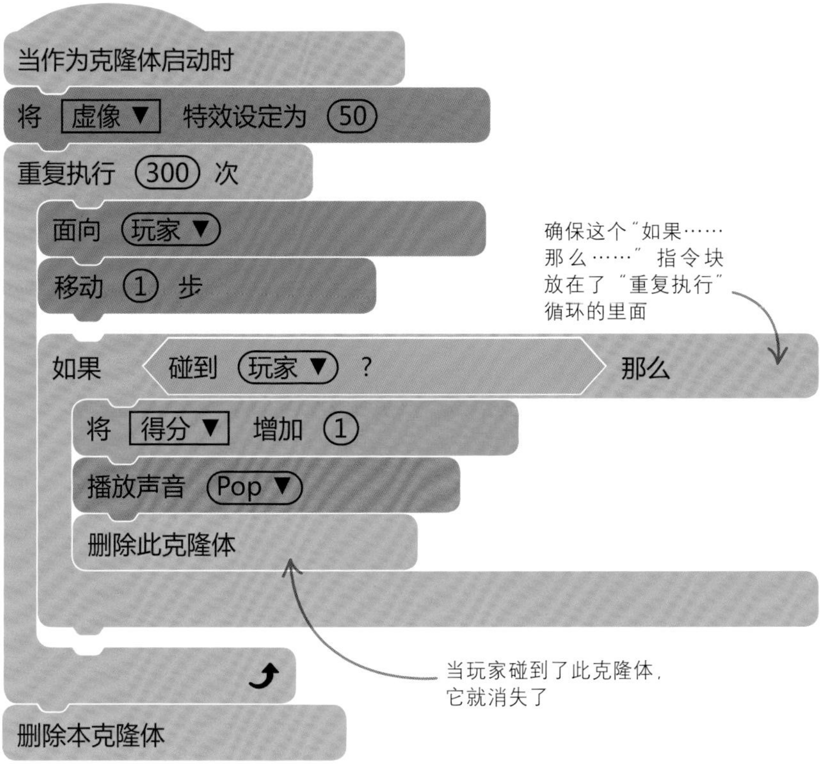
当作为克隆体启动时
将 虚像 ▼ 特效设定为 50
重复执行 300 次
面向 玩家 ▼
移动 1 步
如果 碰到 玩家 ▼ ? 那么
将 得分 ▼ 增加 1
播放声音 Pop ▼
删除此克隆体
删除本克隆体
确保这个“如果……那么……”指令块放在了“重复执行”循环的里面
当玩家碰到了此克隆体，它就消失了

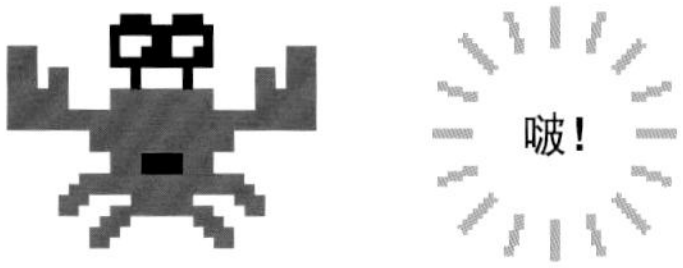
啵！

专家提示

克隆

当你需要很多角色的复制品时，克隆功能非常有用。很多编程语言允许你生成复制品，但是它们常常被叫作对象，而不是克隆体。这些被称作“面向对象”的编程语言，包括 Java 、C++ 等。在 Scratch 的“控制”组中，有 3 个橘色指令块能控制克隆体。

克隆 自己 ▼

这个指令块生成一个角色的克隆体。这个克隆体和原来的那个完全一样，它们出现在同样的位置、面朝同样的方向。如果它不移动，你是看不见它的。

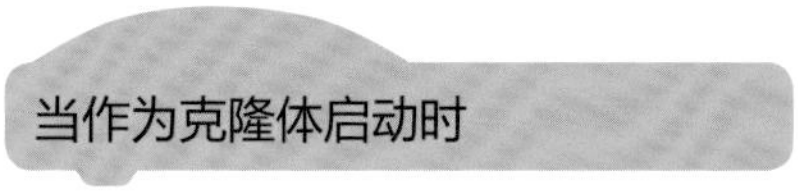
当作为克隆体启动时

当一个克隆体诞生以后，会执行以这个指令开始的一段代码。克隆体不会执行原来角色的主代码，但是它们执行这个角色的其他所有代码，比如用消息启动的代码。

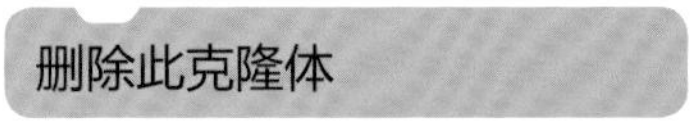
删除此克隆体

这个指令块会删除克隆体。当作品停止运行的时候，所有的克隆体都会消失，只有最初的那个角色留在舞台上。

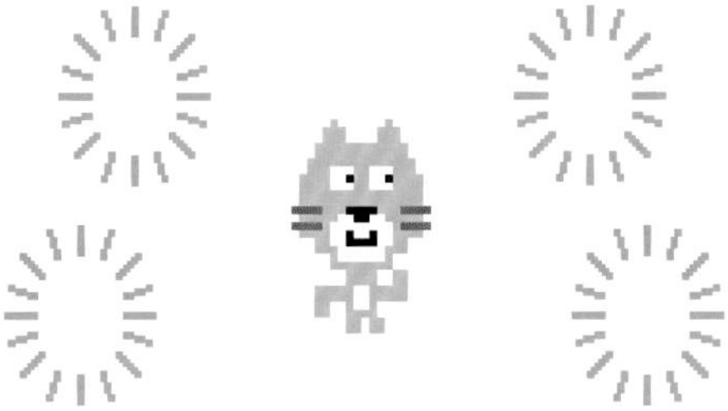

敌人克隆体

现在需要给敌人角色添加代码了，让它能产生克隆体去追击玩家角色。要完成这项设置，我们可以把朋友角色的代码复制到敌人角色上。

17 要复制代码，只需要用鼠标点击、拖拽、放置代码，就可以把它从一个角色复制到另一个角色。一次拖一段，把你给朋友角色做的两段代码拖到敌人角色身上，这样就复制成功了。

角色　朋友

玩家　　朋友

当鼠标移动到了红色圆圈上面，放开鼠标按键

当 ▶ 被点击
重复执行
　面向 在 (−180) 到 (180) 之间取随机数 方向
　重复执行 (25) 次
　　移动 (10) 步
　　碰到边缘就反弹 ↻
　克隆 (自己 ▼) ↻

18 选中敌人角色。你拖拽并放置的代码可能一段落在另一段上面。用鼠标右键点击背景，然后选择"整理积木"，把它们重新排列整齐。

撤销
重做
整理积木
添加注释
删除 19 积木

"整理积木"选项将任何隐藏的代码都显示出来

19 现在修改敌人克隆体的代码，当玩家碰到红色克隆体的时候让分数减少。修改"将得分增加"指令中的参数，从 +1 改成 −3。你真的要小心避开这些令人讨厌的红色敌人。

将 (得分 ▼) 增加 (−3)

这个指令让玩家的分数减少 3 分

20 添加一个音效，提示玩家得分减少了。在声音库中，选择"Cymbal"，把这个音效添加到敌人角色中。修改代码，播放"Cymbal"而不是"Pop"。你现在能听出来自己碰到的是哪一种克隆体了。

修改代码，播放音效"Cymbal"

播放声音 (Cymbal ▼)

他不一定是最棒的玩家，但一定是声音最大的玩家。

21 运行作品。测试一下你现在已有的红色和绿色克隆体，碰到一个红色克隆体，分数应该会减少 3 分。

胜利或者失败

你现在已经创建了两队持续扩张的克隆大军：一队是朋友大军，帮助你得到分数；另一队是邪恶大军，让你丢掉分数。下一步，我们要添加的代码会告诉你到底是赢了，还是输了。

22 把右图中的"如果……那么……"代码添加到玩家角色中。它们会检查你的得分，当分数大于 20，那么你就赢了！一个思考气泡会显示出文字"赢啦！"。如果分数低于 −20，那么角色会认为"输了！"。

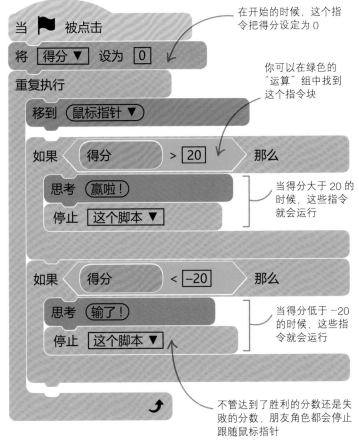

在开始的时候，这个指令把得分设定为 0

你可以在绿色的"运算"组中找到这个指令块

当得分大于 20 的时候，这些指令就会运行

当得分低于 −20 的时候，这些指令就会运行

不管达到了胜利的分数还是失败的分数，朋友角色都会停止跟随鼠标指针

. . **术语**

比较运算

通过之前的练习我们知道，使用"如果……那么……"指令块可以得到一个或真或假的判断，这也被叫作"布尔表达式"，它会产生不同的输出结果。比如，在"星星猎手"中，"如果碰到小猫，那么播放音乐 Fairydust"，这个指令会在小猫抓住一颗星星的时候播放音效。我们可以用比较运算和数字完成同样的判断。

2 < 5　小于　　3 = 3　等于　　5 > 1　大于

当我们把这些放入"如果……那么……"指令块，就会得到一些判断语句，它们能报告真或者假。在"圆圈战争"中，"大于"运算会向你报告，当得分超过 20，你就赢了！

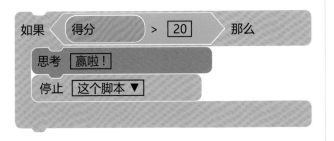

23 运行游戏。试着只和绿色圆圈相碰。测试一下当达到关键分数的时候，游戏是否会结束，玩家角色是否会显示思考气泡"赢啦！"或者"输了！"。如果你觉得游戏太难了，可以降低得胜所需的分数。但是，别把游戏改得太简单了，"圆圈战争"就应该是一项艰巨的挑战！

我是冠军！

增加一个计时器

为了给游戏增加一些竞技性，我们可以在屏幕上添加一个计时器，它会显示从开始到游戏结束共消耗了多少时间。

24 点击指令块面板上的"变量"组，新建一个"时间"变量，让它适用于所有角色。想让变量显示在舞台上，请勾选它前面的小方框。选中玩家角色，再点击"侦测"组，把"计时器归零"指令块添加到"重复执行"循环的前面。回到"变量"组，把"将时间设为……"拖拽到代码中，把"计时器"指令块放入窗口里面，注意要把它放在循环的最后面。

25 通过把计时器复制到变量"时间"上，循环中每一圈的时间都会在舞台上显示出来。但是，在玩家获胜或者失败的时候，时间变量就会停止更新（因为代码停止了），最后会显示出玩家消耗的时间。

这个指令把计时器设定为从 0 开始

这个指令块会显示每一次循环消耗的时间

计时 41.573

↑ 游戏中消耗的秒数

我觉得现在是午饭时间了！

游戏说明

玩家必须清楚地掌握游戏规则。创建一个特殊的角色，当游戏开始的时候，它会显示游戏说明。

26 点击"绘制"图标创建一个新角色，命名为"说明"。选中位图模式，然后选择一个颜色。使用填充工具，在绘图区域内点一下，用你选中的颜色填满它。

填充工具

27 现在从调色板中选择黑色，用于输入文字信息。然后选择文本工具，把右图显示的说明文字输入进去。

文本工具

28 如果文字的大小不合适，使用选择工具，拖动选择方框的顶角，重新调整它的大小。调整好以后，点击文字方框以外的地方，终止编辑状态。

选择工具

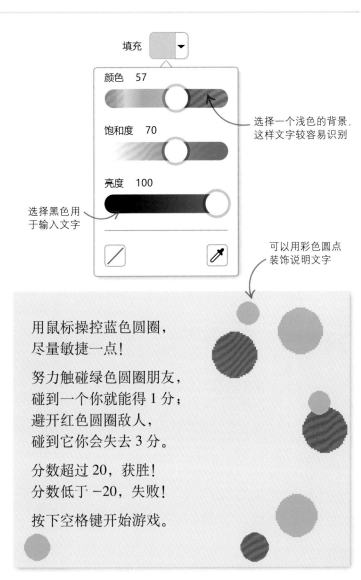

填充

颜色 57

饱和度 70

亮度 100

选择一个浅色的背景，这样文字较容易识别

选择黑色用于输入文字

可以用彩色圆点装饰说明文字

用鼠标操控蓝色圆圈，尽量敏捷一点！

努力触碰绿色圆圈朋友，碰到一个你就能得 1 分；避开红色圆圈敌人，碰到它你会失去 3 分。

分数超过 20，获胜！分数低于 −20，失败！

按下空格键开始游戏。

■ ■ 游戏设计

游戏故事

电脑游戏总是会有一个故事背景，解释为什么游戏中的行为会发生。现在，"圆圈战争"没有故事背景，你能为它编一个吗？例如，想象这是一场太空中的战争，蓝色的宇宙飞船要去拯救友方绿色飞船，但是要尽量避开红色的敌方飞船。尽情发挥你的想象吧！在游戏说明中，添加一个故事会让你的游戏更有魅力，玩家会玩得更投入。

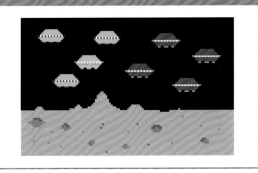

29 添加这段代码，使游戏开始时，舞台上显示出游戏说明。仔细阅读代码，看看你是否明白它的含义。

这些指令会使游戏说明出现在舞台中央，其他角色的前面

这个指令在玩家按下空格键后，会把游戏说明隐藏起来

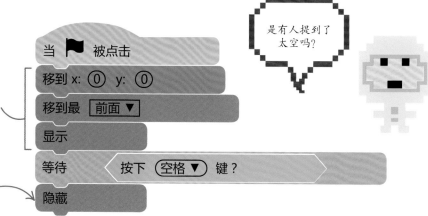

当 ▶ 被点击
移到 x: ⓪ y: ⓪
移到最 前面▼
显示
等待 按下 空格▼ 键？
隐藏

是有人提到了太空吗？

30 在玩家、朋友、敌人 3 个角色中，你都需要在"当绿旗被点击"指令块下面添加一个"等待……"指令块。它会阻止角色行动，直到空格键被按下。

31 运行作品，你的游戏说明应该会显示出来，覆盖整个屏幕，直到你按下空格键。玩家有足够的时间来阅读、理解游戏说明，在他们准备好后再开始玩游戏。

我准备好开始玩了！

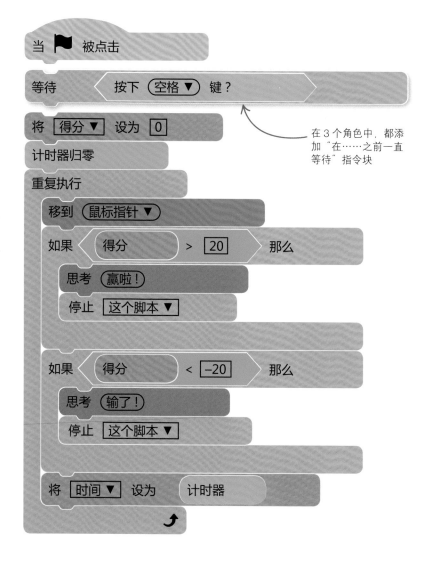

当 ▶ 被点击
等待 按下 空格▼ 键？
将 得分▼ 设为 ⓪
计时器归零
重复执行
　移到 鼠标指针▼
　如果 得分 > 20 那么
　　思考 赢啦！
　　停止 这个脚本▼
　如果 得分 < -20 那么
　　思考 输了！
　　停止 这个脚本▼
　将 时间▼ 设为 计时器

在 3 个角色中，都添加"在……之前一直等待"指令块

修正与微调

现在，你已经能让"圆圈战争"运行起来了——干得好！接下来，再为它添加一些个人色彩，变成你独一无二的作品。试试下面的这些建议或者按照自己的想法修改。如果你创造了一些独特的东西，记得在Scratch网站发布哦！

△寻找平衡点

试验各个角色不同的运动速度，改变碰到朋友或者敌人时的得分或者失分。让游戏变得很难或者很简单都容易做到，但是你能找到一个平衡点，使得难易程度正合适吗？

▽什么是故事？

你想过编一个故事来描述"圆圈战争"中发生的事情吗？也许这是一场恶龙的攻击，扮演王子的玩家必须要吃到蛋糕才能生存？添加一些场景和音乐，让游戏与故事协调一致。多尝试不同的故事背景和呈现外观。

▷战争结束了

就像在"追逐奶酪"中那样，添加一个广播消息，当玩家胜利或者失败的时候，把"游戏结束！"角色显示出来。你可以修改"游戏结束！"的文字，使用那些和故事更加搭配的文字。

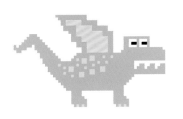

▷慢一点，蓝色圆圈

为了让游戏更加微妙有趣，修改蓝色圆圈的代码，不要让它紧紧地"粘"在鼠标上，而是跟在鼠标的后面移动。你也可以为它发明简单的键盘控制方法。

删除"移到"指令块

增加"面向"指令块，再添加一个"移动5步"的指令

▽调整计时器

计时器显示的数字非常诡异，因为小数点后面跟着一大串数字。要把它变成整数，你需要使用"运算"组中接近底部位置的"四舍五入"指令块。就像你在"追逐奶酪"中添加"最高纪录"一样，试着为胜利的玩家添加一个"最佳时间"。

那是他们的最好时光！

▽改变颜色

让克隆体颜色多变。点击朋友角色，在"外观"组的指令中，选择"将颜色特效设定为"指令块，把它添加到克隆体的代码中。然后把"在 ×× 到 ×× 之间取随机数"指令放入特效指令块的窗口中，把随机数的范围调整为 −30 到 30。对敌人角色也做同样的设置。现在新的克隆体将会有各种不同的颜色。

绿色和蓝色的圆圈是朋友

粉色的圆圈是敌人

当作为克隆体启动时

将 [颜色 ▼] 特效设定为 [在 (−30) 到 (30) 之间取随机数]

将 [虚像 ▼] 特效设定为 (50)

重复执行 (300) 次

在"当作为克隆体启动时"指令下面插入这个指令

从绿色的"运算"组中可以找到这个指令

▷改变尺寸

在朋友和敌人角色中添加"将大小增加"指令，让它们的克隆体大小随机。修改得分规则，让碰撞角色的大小决定得分的多少。你还应该调整胜利或者失败的分数。试试用 2000 分作为胜利的标准，−2000 作为失败的标准。

当作为克隆体启动时

将大小增加 [在 (−30) 到 (30) 之间取随机数]

将 [虚像 ▼] 特效设定为 (50)

重复执行 (300) 次

把数值修改为 −30 到 30

把朋友的分值修改成这样

将 [得分 ▼] 增加 (大小)

将 [得分 ▼] 增加 ((0) − 大小)

用这个作为敌人的分值

克隆体越大，你得到或者失去的分数就越多

◁修改形状

在游戏中使用其他的形状。可以加入正方形，它们会吃掉红色圆圈；加入三角形，它们会从玩家身边逃离；加入六边形，它们会让玩家缩小或者膨胀。你可以加入任何想尝试的东西。

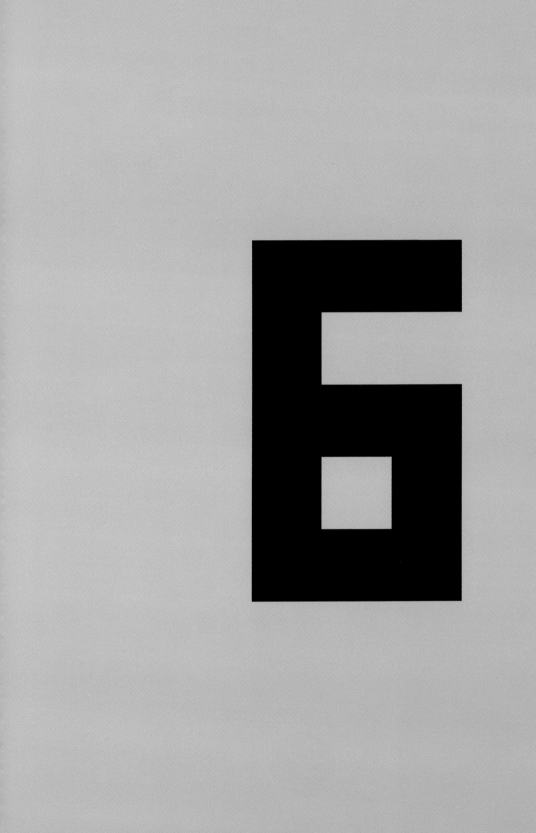

跳跃的猴子

如何制作"跳跃的猴子"

现实世界中存在着你无法打破的自然规律。比如，受地球重力作用，任何跳到半空的物体都会再次坠落。"跳跃的猴子"游戏向你展示了如何在游戏世界里添加重力。

游戏的目标

猴子的任务是尽力收集香蕉。它可以选择朝什么方向、以何种速度跳跃。你需要让它越过棕榈树，用尽量少的跳跃次数获得香蕉。

◁弹射器

用左移键和右移键控制这个箭头，指向你想弹射猴子的方向。

◁猴子

用上下键选择发射猴子的速度，然后按下空格键把它弹射出去。

◁香蕉

猴子碰到任何一串香蕉，都会把它吃掉。持续发射猴子，直到把香蕉都吃完。

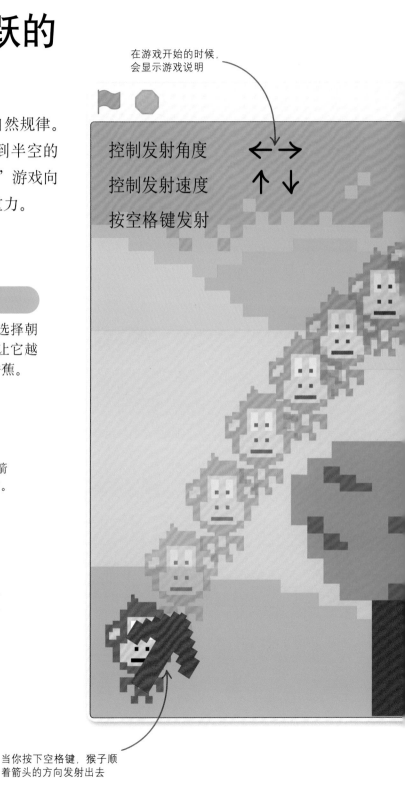

在游戏开始的时候，会显示游戏说明

控制发射角度　← →
控制发射速度　↑ ↓
按空格键发射

当你按下空格键，猴子顺着箭头的方向发射出去

猴子在空中飞行，就
像大炮的炮弹一样

猴子发射出去的时候，
这个数字告诉你速度
有多快

发射速度　　11

游戏控制

玩家使用上下左右键和空格
键来操控游戏。

空格键

◁ 飞行的猴子

用尽量少的弹射次数，收集
完所有的香蕉。游戏会记录
你弹射了几次。

每一局游戏你需要
收集 3 串香蕉

跃过大树！猴子
无法穿过它

因为重力而
下落啦！

弹射猴子

这个游戏中，玩家用一个大大的箭头为猴子选择精确的弹射方向。开始设计时，我们会先忽略重力，但稍后会把它加进去，这只猴子就可以飞过大树了。

1 新建一个作品，命名为"跳跃的猴子"。删除默认的小猫角色，然后从角色库中把"Monkey"和"Arrow1"添加进来。把"Arrow1"改为"发射器"，把"Monkey"改为"猴子"。

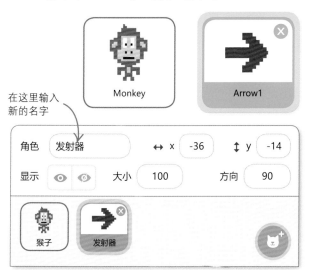

在这里输入新的名字

2 点击"变量"组，选择"建立一个变量"，将新变量命名为"发射速度"。新建的这个变量会自动出现在舞台上，把它拖拽到舞台的右上方。

3 选择发射器角色，为它添加如下 3 段代码，让玩家可以通过键盘上的左右方向键来控制它的角度。箭头的方向就是猴子发射出去的方向。运行代码，试着调整箭头。

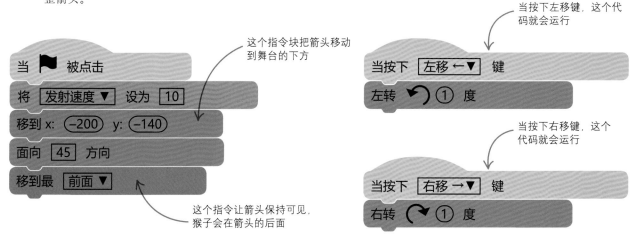

这个指令块把箭头移动到舞台的下方

这个指令让箭头保持可见，猴子会在箭头的后面

当按下左移键，这个代码就会运行

当按下右移键，这个代码就会运行

4 现在你可以瞄准了，接下来需要控制发射的速度。添加如下代码，它能让你用上下方向键改变发射的速度。

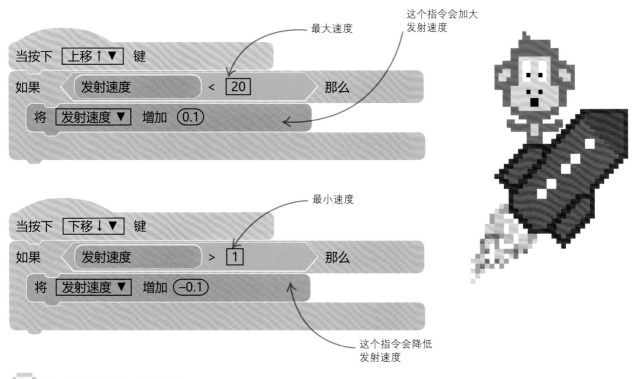

最大速度

这个指令会加大发射速度

当按下 上移↑▼ 键
如果 〈 发射速度 < 20 〉 那么
　　将 发射速度▼ 增加 0.1

最小速度

当按下 下移↓▼ 键
如果 〈 发射速度 > 1 〉 那么
　　将 发射速度▼ 增加 -0.1

这个指令会降低发射速度

■ 术语

事件

计算机检测到的按下键盘或点击鼠标的行为，叫作"事件"。当一个特定的事件发生时，Scratch 中黄色的事件指令块会启动一个代码。在"追逐奶酪"游戏中我们已经使用过消息事件，但是 Scratch 还允许你使用其他事件，比如按下按键、点击鼠标、麦克风声音，甚至摄像机检测到的运动。别怕失败，你可以尽情尝试！

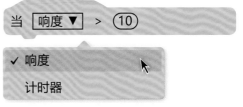

当按下 空格▼ 键

当角色被点击

当 响度▼ > 10

✓ 响度
　 计时器

▷启动代码

这里展示了一些事件指令块，当对应的事件发生时，它们用来启动一个代码。

5 现在选择猴子角色。添加右边的代码让它缩小到合适的尺寸，然后把它移动到发射器后面。

当 ▶ 被点击

将大小设为 (35)

将旋转方式设为 [不可旋转 ▼]

移到 (发射器 ▼)

6 在猴子角色中，添加这段新代码，当按下空格键时，发射猴子。"重复执行直到……"是一种新的循环指令，它会重复执行里面的指令直到条件成立。既然这样，猴子就会一直飞行，直到它碰到舞台的边缘。

这个指令让猴子的方向和发射箭头的方向一致，可以在"侦测"组里找到这个指令块

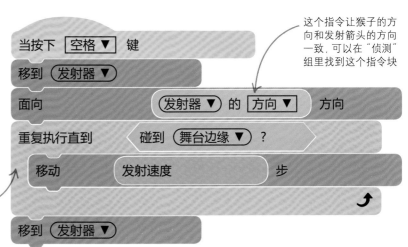

当按下 [空格 ▼] 键

移到 (发射器 ▼)

面向 (发射器 ▼) 的 [方向 ▼] 方向

重复执行直到 〈碰到 (舞台边缘 ▼) ?〉

　移动 (发射速度) 步

"重复执行直到……"指令块，让猴子一直运动到舞台边缘为止

移到 (发射器 ▼)

专家提示

"重复执行直到……"

你设计游戏的时候有没有这样的需求：重复一个动作直到某件事情发生，然后继续执行代码的剩余部分。当"重复执行""重复执行 ×× 次"不够灵活好用的时候，"重复执行直到……"指令块可以帮助你。大多数编程语言都有类似的循环，但是有些被称作"while"循环，这些循环当条件为真的时候会执行，而不是重复执行，直到条件为真。面对同一个问题，我们总是会有不同的思考方法。

7 试着用方向键调整发射器的角度和速度，然后按下空格键发射猴子。它会沿着直线飞行，直到撞上舞台的边缘。但在真实世界中情况不是这样的，当猴子向前运动的时候，最终它会落到地面上。稍后，我们会在游戏中增加重力，让猴子的行为更加逼真。

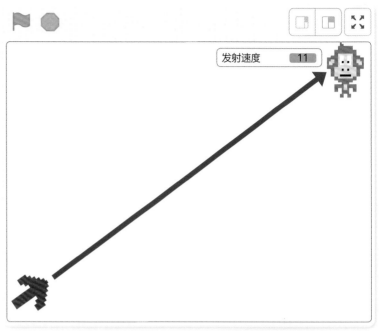

发射速度　11

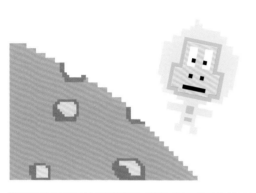

香蕉和树

在这个游戏中，猴子得分的方法是收集香蕉。利用克隆指令，你只须添加一串香蕉角色，就能让猴子瞄准很多香蕉。

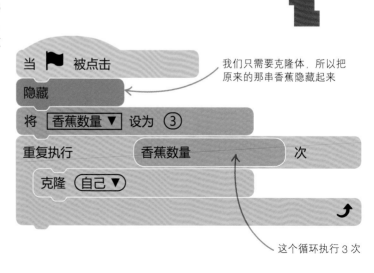

8 添加一串香蕉角色"Bananas"到作品中。新建一个变量，命名为"香蕉数量"，用它来记录舞台上的香蕉数量，开始的时候有 3 串。添加右边的代码，它们可以克隆出香蕉，但是先不要运行，你还需要告诉克隆体应该干什么。

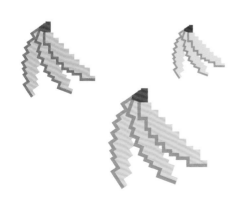

当 ▶ 被点击
隐藏
将 香蕉数量▼ 设为 ③
重复执行　香蕉数量　次
　克隆 自己▼

我们只需要克隆体，所以把原来的那串香蕉隐藏起来

这个循环执行 3 次

9 添加如下代码，让每一串香蕉克隆体随机出现在舞台右侧，同时随机改变它的外观，最后请确保它不会被隐藏。克隆体会一直等待猴子来触碰它，碰到后就会自动消失。如果这是最后一串香蕉，那么它就会发出一个"游戏结束"的消息，当然需要你来创建这个新消息。

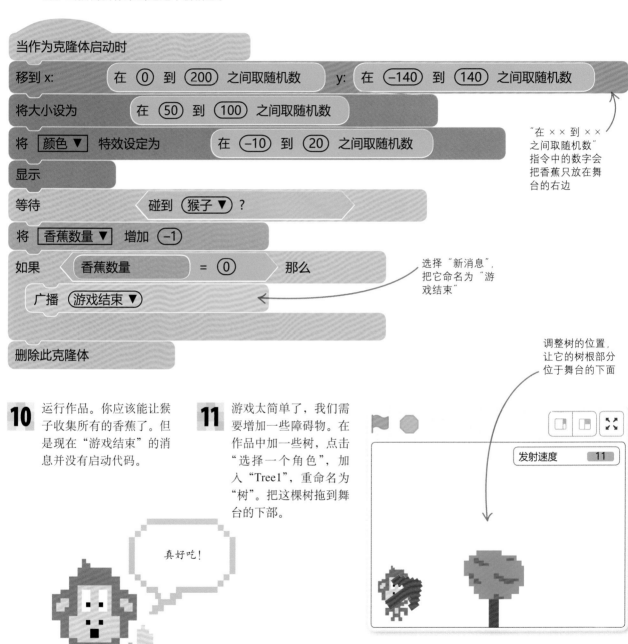

```
当作为克隆体启动时

移到 x: 在 (0) 到 (200) 之间取随机数   y: 在 (-140) 到 (140) 之间取随机数

将大小设为   在 (50) 到 (100) 之间取随机数

将 [颜色 ▼] 特效设定为   在 (-10) 到 (20) 之间取随机数

显示

等待   碰到 (猴子 ▼) ?

将 [香蕉数量 ▼] 增加 (-1)

如果   香蕉数量 = (0)   那么

    广播 (游戏结束 ▼)

删除此克隆体
```

"在 ×× 到 ×× 之间取随机数"指令中的数字会把香蕉只放在舞台的右边

选择"新消息"，把它命名为"游戏结束"

调整树的位置，让它的树根部分位于舞台的下面

10 运行作品。你应该能让猴子收集所有的香蕉了。但是现在"游戏结束"的消息并没有启动代码。

真好吃！

11 游戏太简单了，我们需要增加一些障碍物。在作品中加一些树，点击"选择一个角色"，加入"Tree1"，重命名为"树"。把这棵树拖到舞台的下部。

发射速度   11

△舞台上的树

确保树轻微地偏离舞台中心，靠向舞台的左侧。否则，香蕉会粘在树的后面，游戏永远都不会结束了。

12 到目前为止，猴子可以沿着直线飞行，穿过树。修改猴子的代码，让它碰到树的时候停下来。

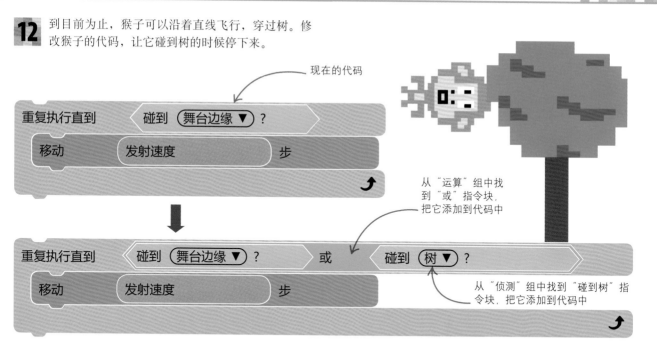

现在的代码

重复执行直到   碰到 舞台边缘 ▼ ？

移动   发射速度   步   ↰

从"运算"组中找到"或"指令块，把它添加到代码中

重复执行直到   碰到 舞台边缘 ▼ ？   或   碰到 树 ▼ ？

移动   发射速度   步   ↰

从"侦测"组中找到"碰到树"指令块，把它添加到代码中

13 运行作品。现在猴子撞到树后会停止飞行，这使得它无法抓到树右边的香蕉。别担心，重力马上会来帮忙了。

我想要香蕉！

专家提示

"或""与""不成立"

到目前为止，本书里的大多数"如果……那么……"指令块仅测试某个单一的条件，比如在"星星猎手"游戏里，测试"是否碰到了猫"。但是在本章中，你需要立刻检测两个条件"碰到舞台边缘"或"碰到树"。很多代码中都会出现这样复杂的组合条件，所以你需要一个方法把它们连接起来。在 Scratch 中，绿色的"运算"组指令可以完成这项工作。在几乎所有的编程语言中都能找到类似"或""与"和"不成立"的指令。

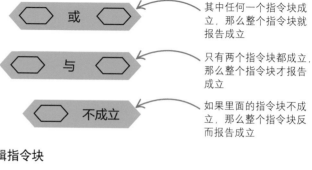

或 ——— 其中任何一个指令块成立，那么整个指令块就报告成立

与 ——— 只有两个指令块都成立，那么整个指令块才报告成立

不成立 ——— 如果里面的指令块不成立，那么整个指令块反而报告成立

△**逻辑指令块**

像上面这些逻辑操作指令块可以让你检测复杂的条件组合。

14 为所有的角色创建两个变量："下落速度"和"重力"。在猴子的"当绿旗被点击"代码中添加一个"将重力设为"的指令，同时，像下图这样修改"当按下空格键"的代码。新的指令用变量来模拟重力。变量"下落速度"及时追踪在重力之下猴子需要移动多少步。重力的值代表在每一次猴子移动后"下落速度"应该增加多少。

变量

建立一个变量

☐ 下落速度

☐ 重力

☑ 发射速度

☐ 我的变量

☐ 香蕉数量

△隐藏变量

如果不想让变量出现在舞台上，就不要勾选变量区内变量前面的小方框。对这两个新变量做这样的操作。

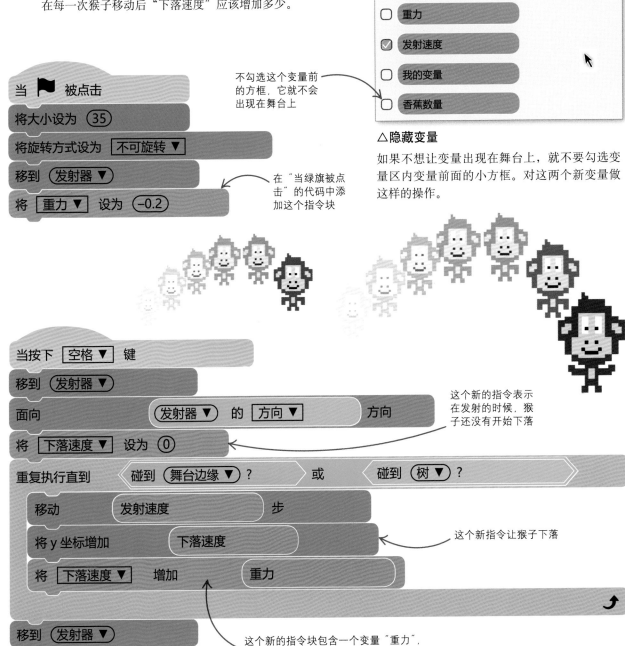

当 🚩 被点击

将大小设为 35

将旋转方式设为 不可旋转 ▼

移到 发射器 ▼

将 重力 ▼ 设为 -0.2

不勾选这个变量前的方框，它就不会出现在舞台上

在"当绿旗被点击"的代码中添加这个指令块

当按下 空格 ▼ 键

移到 发射器 ▼

面向 发射器 ▼ 的 方向 ▼ 方向

将 下落速度 ▼ 设为 0

重复执行直到 碰到 舞台边缘 ▼ ? 或 碰到 树 ▼ ?

　移动 发射速度 步

　将 y 坐标增加 下落速度

　将 下落速度 ▼ 增加 重力

移到 发射器 ▼

这个新的指令表示在发射的时候，猴子还没有开始下落

这个新指令让猴子下落

这个新的指令块包含一个变量"重力"，它会让猴子在每一次循环之后加快下落速度

专家提示

真实世界中的重力

在真实的世界中，当你试图沿直线抛出一个物体，它总是会在重力的作用下划出一道落向地面的弧线。为了让游戏以同样的方式运行，我们先让猴子沿着直线运动，但是同时在猴子每一次位移之后添加一次向下运动，这样就能模拟出持续不断的重力下拉效果。这会让猴子的运动看起来更自然，让游戏更吸引人。

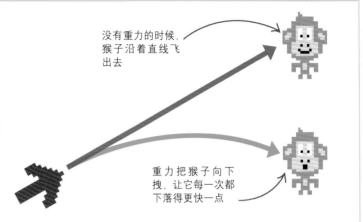

没有重力的时候，猴子沿着直线飞出去

重力把猴子向下拽，让它每一次都下落得更快一点

15 再次运行作品。你现在可以让猴子飞越大树，碰到躲在下面的狡猾的香蕉。但是 Scratch 中重力到底是如何工作的呢？每一秒，猴子的下落速度都比之前要快一些，生成了一条向下的弧线。

◁**下落得越来越快**

在每次重复执行中，变量"下落速度"让猴子落得越来越低。

第一秒下落这么远

第二秒下落这么远

第三秒下落这么远

没有重力，猴子会到达这里

每隔一秒，猴子都会向另一侧运动

每一秒，它都会下落一段更长的距离

△**重力的影响**

当变量"下落速度"和发射器的直线运动联系起来，猴子的运动轨迹就成了一道落向地面的完美弧线。

有了重力，猴子最终会到达这里

游戏结束

当猴子收集完所有的香蕉，"游戏结束"的消息就会显示出来，然后游戏就结束了。设计一块告示牌，它会告诉玩家为了收集所有香蕉一共弹射了多少次。

16 点击角色菜单中的"绘制"图标，画一块类似下图的告示牌，风格朴素或者花哨，可以根据你的喜好来定。在文字中间留一个空当，以后填写发射次数。把新角色命名为"游戏结束"。

在这里留一个空当

17 现在，为所有角色创建一个变量"发射次数"，用来记录发射次数，让它显示在舞台上，在上面点击右键，设定为"大字显示"。这时它只会显示变量的值，不会显示变量的名字。你可以稍后重新调整变量的位置。

在舞台上，右键点击"发射次数"

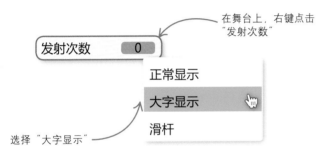

选择"大字显示"

18 现在，在告示牌角色中添加如下代码。这几段代码会记录你发射的次数，并且在游戏结束时把这个数字显示在舞台上。

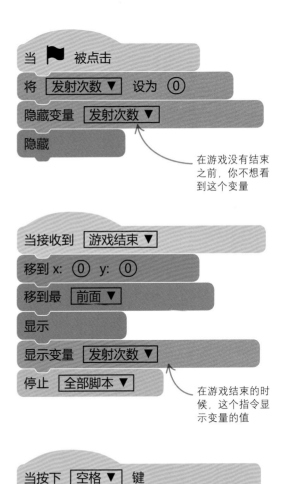

在游戏没有结束之前，你不想看到这个变量

在游戏结束的时候，这个指令显示变量的值

这个指令记录空格键被按下了多少次

19 运行游戏，收集所有的香蕉。当你看到"游戏结束"的告示牌出现在舞台上时，把变量"发射次数"拖到告示牌的空当处。在将来的游戏中，Scratch 会记住它的位置，所以变量总会出现在正确的位置上。

20 要想添加一个背景，可以在右下方舞台信息区点击"选择一个背景"。你可以自己画一幅背景或者从背景库中选择一张图片。像下面显示的那样，使用文字工具在背景图上添加游戏说明。

把"发射次数"拖到告示牌
你预留的空当中

用画笔在这里画箭头

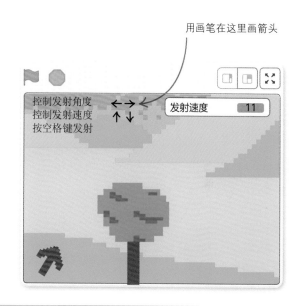

制造一些噪音

为了让游戏更有趣，你可以加入一些声音效果。按下面的提示，让猴子在发射出去或者吃到香蕉时发出不同的声音。

21 点击猴子角色，选择声音标签，从声音库中选择"Boing"声音。然后，在猴子已有代码中如右图位置添加一个"播放声音"指令块。这会让猴子在每一次跳起来的时候，发出一个声音。

22 点击香蕉角色，从声音库添加"Chomp"音效。然后，在已有的香蕉角色代码里如右图位置添加一个"播放声音"指令块。现在，每次猴子得到香蕉，都会发出"Chomp"的声音。

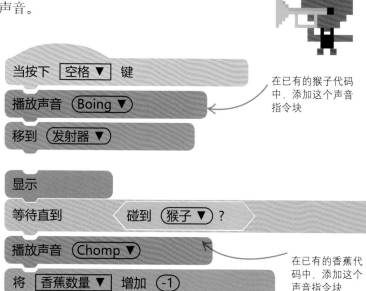

在已有的猴子代码中，添加这个声音指令块

在已有的香蕉代码中，添加这个声音指令块

玩玩重力

在游戏中添加一个滑杆，这样你就可以用"重力"变量来做试验了。滑杆允许你调整重力的数值，你甚至可以让猴子向上方"降落"。

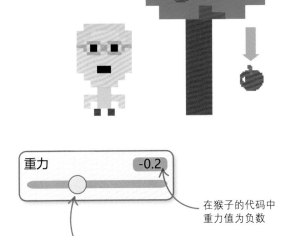

23 想要在你的游戏世界里调整重力，首先要让它显示在舞台上，方法是勾选变量区中它前面的小方框。然后右键点击在舞台上出现的变量，选择"滑杆"。滑杆允许你在舞台上改变一个变量的值。

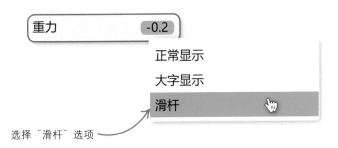

选择"滑杆"选项

重力　　　　-0.2

正常显示
大字显示
滑杆

重力　　　　-0.2

在猴子的代码中重力值为负数

用鼠标移动这里调整数值

显示变量

你可以改变一个变量在舞台上的显示方式，一共有 3 个选项：正常显示、大字显示、滑杆。你也可以用这个菜单隐藏变量。选择对你的游戏来说最好的方式。

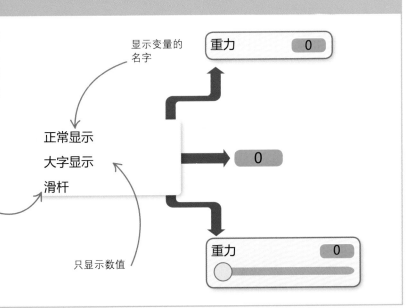

显示变量的名字

正常显示
大字显示
滑杆

允许你改变变量的值

只显示数值

重力　　0

0

重力　　0

24 现在,在游戏中用滑杆尽情地玩转重力吧。用推荐的数值 −0.2,游戏运行起来很正常,再试试如果用滑杆增加或者减小数值会有什么效果吧。当数值为正数时,猴子将会飞到天上去!

25 当你结束了重力试验之后,右键点击滑杆,选择"正常显示",回到游戏的正常状态。现在你已经知道重力是如何工作的,可以尝试一个反重力的游戏版本,这时的猴子会向上方飞去。想一想,你需要做怎样的修改,才能玩这个游戏,比如是否应该让发射器向下发射呢?

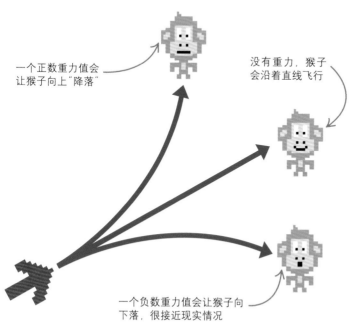

一个正数重力值会让猴子向上"降落"

没有重力,猴子会沿着直线飞行

一个负数重力值会让猴子向下落,很接近现实情况

■ ■ 游戏设计

游戏物理学

物理是关于真实世界中力和运动的科学。游戏物理学就是把科学带入游戏中,以便让物体做出和真实世界一样的反应和运动,比如,被重力向下拖拽、反弹。为了让游戏变得更逼真、好玩,程序员不得不解决各种物理问题。当物体相互碰撞的时候,是应该反弹,还是碎裂?当物体在水下或者空中的时候,它们会如何运动呢?

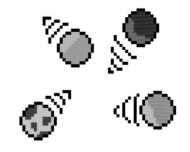

△反抗重力

游戏物理学不一定非要和真实世界的物理学一致。你可以创造一个世界,其中的重力是向上的或者向一侧的。重力可以比真实世界中更大或者更小。也许皮球在每一次反弹后会飞得更高,直到它们被发射到太空中。

修正与微调

祝贺你，已经完成了第一个重力游戏！在你试玩几次以后，
就可以开始着手修改代码，让它变成属于你的独特作品。
下面提供了一些想法。

◁ **香蕉鸿运来**

试着添加更多的香蕉，有大有小，
把它们放在屏幕的不同位置。

▽ **水果沙拉**

添加各种不同分值的水果。你需要增加一个"分
值"变量，并且添加额外的角色，在角色库里，
你可以找到橘子、西瓜等。

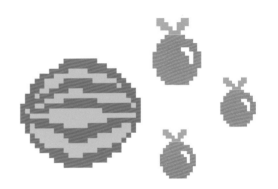

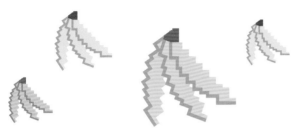

▽ **赶时间**

还可以增加一个计时器，要求玩家在规定的时间内完成游戏。创
建一个新的变量"倒计时"，在"猴子"中添加如下代码。然
后，创建一个新角色，点击造型标签，再制作一个标记"时间已
到！"，最后，把右图的两段代码添加到这个角色中。

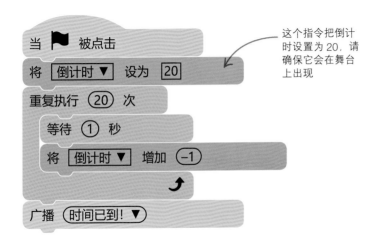

这个指令把倒计
时设置为 20，请
确保它会在舞台
上出现

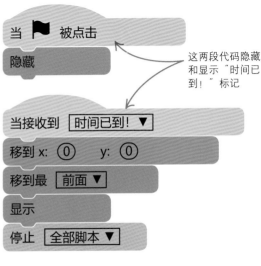

这两段代码隐藏
和显示"时间已
到！"标记

▽用鼠标操控游戏

你可以改用鼠标来控制游戏，而不是键盘。下面的指令块可以让你参考发射角度、发射速度以及何时发射。看看你能不能想明白如何利用它们。

用这个指令块让猴子跳起来

按下鼠标?

到 (鼠标指针 ▼) 的距离

用这个指令块来设定发射速度

面向 (鼠标指针 ▼)

用这个指令块来设定发射角度

▷小心！毒蛇！

为了让游戏更具挑战性，可以在猴子的飞行路线上增加额外的障碍物，阻止猴子的运动或者直接终止游戏。这个障碍物可以是一条能吃掉猴子的巨蛇或者一只蜘蛛！

▽漏洞还是彩蛋？

也许你已经发现玩家可以在猴子飞行的过程中修改猴子的速度。我们可以通过添加一个变量"猴子的速度"来修正这个问题，方法是在发射的时候把"发射速度"的值复制到"猴子的速度"中。然后，在猴子的移动控制中使用变量"猴子的速度"而不是"发射速度"。如果你觉得能改变猴子的速度非常有趣，也可以让游戏保留这个特性。

▷弹跳的香蕉

为了让游戏变得更难一点，你可以尝试修改香蕉的代码，让香蕉上上下下地在舞台上弹跳。

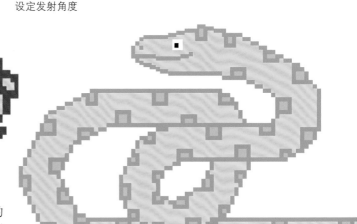

▽控制发射速度的滑杆

你已经添加了一个滑杆用来控制重力。也可以添加滑杆用来控制发射速度。

重力   0

发射速度   0

滑杆可以让你用鼠标来调整变量，无须使用键盘

扫帚上的厄运

如何制作"扫帚上的厄运"

游戏通常都有一个主题。这个阴森森的游戏一开始，就有蝙蝠向玩家俯冲过来，后面跟着一批可怕的幽灵和怪兽。请你准备好用动画来赋予这些角色生命吧！

游戏的目标

女巫骑着扫帚到森林里巡游，暗夜中的生物开始从各处向她发起进攻。她必须发射出火球符咒，消灭蝙蝠、幽灵、怪兽、恶龙，这些家伙都想把她作为美餐。

◁**女巫**

女巫处于屏幕的中央。用方向键旋转她的扫帚，按空格键发射火球。

◁**敌人**

敌人被火球击中就会消失，同时玩家得一分。但随着分数增加，游戏的速度会加快。

◁**生命**

如果女巫被任何一个敌人碰到，她的生命值就会减少。但是如果她碰到了一只飞行的河马，就会赢得一些额外的生命值。

缓慢移动的幽灵会突然出现，当它们被击中后，会慢慢淡出画面

超快的怪兽格里芬会发起更快的攻击

黑色的蝙蝠会
直接扑向女巫

为了让游戏持续的时
间长一点，你可以把
生命值调得大一些

生命值 3

女巫位于舞台中央

火球是女巫唯一的
武器

喷火的恶龙盘旋着
想要抓住女巫

◁ 生存

在游戏进行中，越来越多的怪
兽向女巫飞过来，玩家必须尽
快旋转扫帚，消灭一个个敌人。

游戏控制

在游戏中，使用这些方向
键、空格键来控制。

▲
◀ ▼ ▶

空格键

你敢开始
玩了吗?

设置场景

"扫帚上的厄运"游戏有一个阴森的主题。我们要选择恰当的角色、背景和音乐，创造出独特的氛围，让玩家沉浸到游戏的世界中。我们先从设置女巫角色、黑暗森林和可怕的音乐开始吧。

1 新建一个作品，命名为"扫帚上的厄运"。删除默认的小猫角色。点击角色菜单中的"绘制"图标，创建一个空白的角色。从造型库中选择女巫造型"Witch"，她会出现在角色列表中。

点击这里进入造型库

选择一个造型

将角色命名为"女巫"

女巫

2 点击"选择一个背景"图标，添加背景"Woods"，这张图片有一种诡异的感觉，和游戏的主题非常吻合。

3 从声音库中添加音乐"Cave"，然后把如下代码添加到舞台的代码区。运行作品，感受一下你创造的诡异气氛。

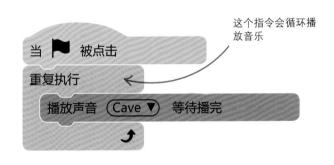

这个指令会循环播放音乐

当 ▶ 被点击
重复执行
　播放声音 Cave ▼ 等待播完

4 为了让氛围显得更恐怖，在舞台上添加如下代码，游戏进行时，它会不断地改变背景颜色。

这个指令块在每次执行的时候都会把背景颜色修改一点点

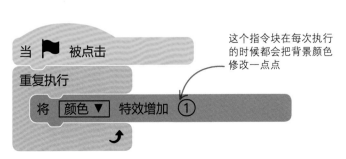

当 ▶ 被点击
重复执行
　将 颜色 ▼ 特效增加 1

5 现在添加女巫的第一个敌人：一只邪恶的黑蝙蝠。打开角色库，选中"Bat"，将它重命名为"蝙蝠"。

蝙蝠

6 蝙蝠看起来很可怕，但是不会移动。点击造型标签，你会发现蝙蝠有 4 个不同的造型。这些造型可以用来让蝙蝠扇动翅膀。你只需要用到"bat-a"和"bat-b"两个造型，删掉另外两个。

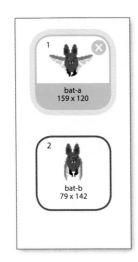

1　bat-a　159 x 120

2　bat-b　79 x 142

7 为蝙蝠添加如下代码，让它在两个造型之间前后切换。现在运行作品，看看蝙蝠扇动翅膀的效果。

当 ▶ 被点击

重复执行

下一个造型

等待 0.1 秒

这个指令设置蝙蝠扇动翅膀的速度

■ ■ ■　游戏设计

动画

如何让图片"动"起来？只要一张张地切换略有差异的图片就能达到这样的效果。这会让大脑产生错觉，以为是一张单独的图片在运动，这就叫作"动画"，动画片就是这样做出来的。Scratch 可以让角色像动画片一样运动，只要在不同的造型之间切换就行了。当造型一个接一个出现，你能看到扇动翅膀的蝙蝠、走路的小猫、跳跃的青蛙。

操控女巫

现在，这个可怕的游戏已经初具雏形，但是我们需要添加更多的代码让它能真正运转起来。下面的这段代码让玩家可以控制女巫。

8 在指令块面板中，选择"变量"组，然后点击"建立一个变量"。创建 3 个变量："得分""生命值""游戏速度"。在舞台上显示变量"得分""生命值"。给女巫添加如下代码，用方向键控制她。仔细阅读这段代码，测试看看能否正常工作。

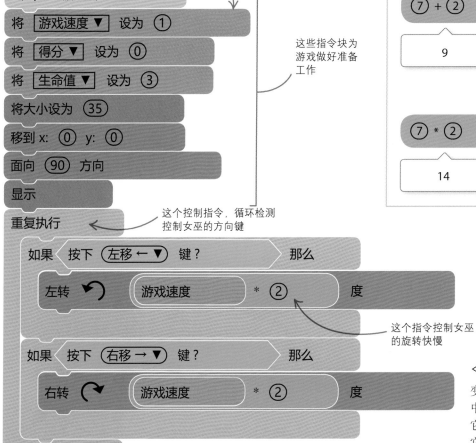

这个指令把游戏的移动步伐设定为 1

这些指令块为游戏做好准备工作

这个控制指令，循环检测控制女巫的方向键

这个指令控制女巫的旋转快慢

专家提示

数学运算

程序员必须使用特殊的符号来进行数学运算。几乎所有的编程语言都用 * 表示乘法，/ 表示除法，因为常用的数学运算符在键盘上找不到。去看看绿色的"运算"组中的数学运算。在代码区，点击下图这些指令块，看看话泡中会显示什么。

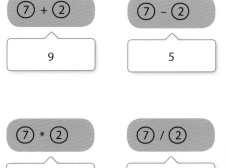

◁ **控制移动步伐**

变量"游戏速度"控制游戏中所有的移动步伐。现在把它设置为 1。以后，你会发现它如何随着分数的增加不断变大，加快游戏的速度。

发射火球

女巫抵御那些暴怒妖怪的唯一武器就是火球。接下来的代码要用空格键从女巫的扫帚上发射出一个火球。

9 在角色库中选择一个球的角色"Ball"，把它的名字改成"火球"。现在它太大了，下一步你可以把它缩小一点。

火球

10 在火球角色中，添加如下两段代码。每一个发射出去的火球都是火球角色的一个克隆体。

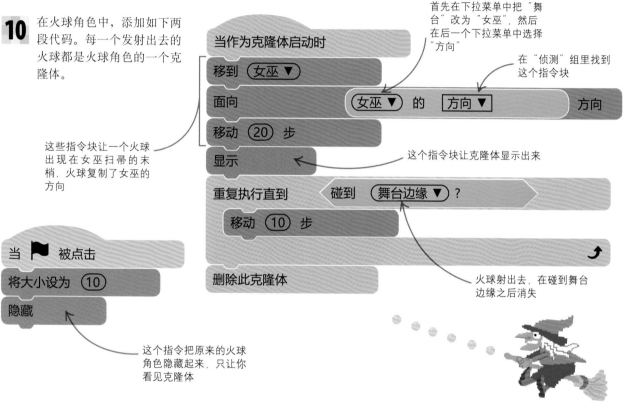

首先在下拉菜单中把"舞台"改为"女巫"，然后在后一个下拉菜单中选择"方向"

在"侦测"组里找到这个指令块

这些指令块让一个火球出现在女巫扫帚的末梢，火球复制了女巫的方向

当作为克隆体启动时

移到 女巫▼

面向 女巫▼ 的 方向▼ 方向

移动 20 步

显示

这个指令块让克隆体显示出来

重复执行直到 碰到 舞台边缘▼ ?

移动 10 步

删除此克隆体

火球射出去，在碰到舞台边缘之后消失

当 ▶ 被点击

将大小设为 10

隐藏

这个指令把原来的火球角色隐藏起来，只让你看见克隆体

11 现在，在女巫角色中添加这段代码，当按下空格键时，创建一个火球的克隆体。"等待……"指令会让代码暂停，直到空格键被按下。每次按下空格键，只会发射一个火球。试验代码，看看你是否能控制女巫的方向，并发射火球。

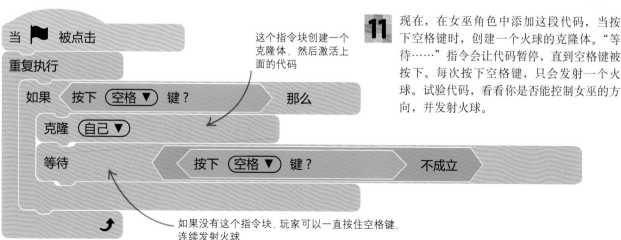

这个指令块创建一个克隆体，然后激活上面的代码

当 ▶ 被点击

重复执行

如果 按下 空格▼ 键? 那么

克隆 自己▼

等待 按下 空格▼ 键? 不成立

如果没有这个指令块，玩家可以一直按住空格键，连续发射火球

蝙蝠进攻

一只扇动翅膀的蝙蝠不足以威胁一位能发射符咒的强大女巫。但是我们可以增加克隆体，创建一支蝙蝠中队。

12 为蝙蝠添加如下两段代码，一起运行就会创造出无穷无尽的蝙蝠。这些蝙蝠会从舞台边缘的各个角落扑向女巫。

当 ▶ 被点击

将旋转方式设为 [左右翻转▼]

隐藏 ← 这个指令块让最初的蝙蝠隐藏起来，所以你只能看到克隆体

重复执行

　这些指令块每隔 5 到 10 秒创造出一只蝙蝠 → 等待 在 ⑤ 到 ⑩ 之间取随机数 秒

　克隆 [自己▼]

当作为克隆体启动时

移到 x: ⓪ y: ⓪

面向 在 (-180) 到 (180) 之间取随机数 方向 → 这些指令块把蝙蝠克隆体送到舞台的边缘

移动 (300) 步

显示

面向 [女巫▼]

　这个指令块让蝙蝠持续向着舞台中央飞行，直到碰到女巫

重复执行直到 碰到 [女巫▼] ？

　移动 游戏速度 步

　如果 碰到 [火球▼] ？ 那么 ← 这个指令块在火球击中蝙蝠的时候，让它消失

　　播放声音 (Pop ▼) 等待播完

　　将 [得分▼] 增加 ① ← 从声音库中加入"Pop"音效

　　删除此克隆体

广播 [减少一条命▼] ← 点击下拉菜单，选择新消息，命名为"减少一条命"

删除此克隆体

▷它如何工作？

在蝙蝠克隆体代码中，前 3 条深蓝色动作指令会把一个克隆体移动到舞台的随机位置上。隐藏的克隆体首先移动到舞台的中央，然后选择一个随机的方向，移动 300 步，这足够把它送到舞台任何方向的边缘。通过这个方法，蝙蝠克隆体以相同的概率从各个方向发起进攻。在克隆体移动到舞台中央的时候，女巫不会碰到它，因为你无法碰到一个隐藏的角色。

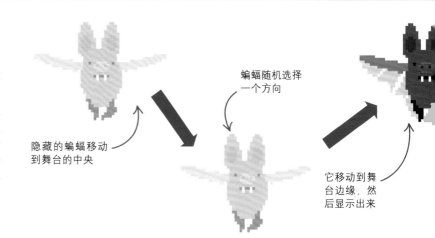

隐藏的蝙蝠移动到舞台的中央

蝙蝠随机选择一个方向

它移动到舞台边缘，然后显示出来

13 当女巫丢失一条命以后，就把所有的蝙蝠都消除掉，这听起来是一个好主意！这会给女巫一个喘息的机会，等待第二波敌人的进攻。在蝙蝠角色中添加如下代码。当收到"减少一条命"的消息后，每一个克隆体都执行这段代码，所有的蝙蝠都消失了。

```
当接收到  减少一条命▼

删除此克隆体
```

14 运行作品，看看它的执行效果。在游戏开始几秒钟之后，就会出现一只蝙蝠，向着女巫移动。不久，更多的蝙蝠出现了。女巫应该能使用火球消灭它们。当任何一只蝙蝠碰到女巫，所有的蝙蝠都会消失。

15 也许你注意到蝙蝠不再扇动翅膀。要修正这个问题，修改下面这段代码，以便它能为每一只克隆蝙蝠工作，而不是仅仅为最初的那只。

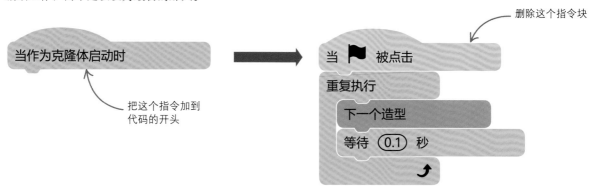

```
当作为克隆体启动时
```
把这个指令加到代码的开头

删除这个指令块

```
当 ⚑ 被点击
重复执行
    下一个造型
    等待 (0.1) 秒
```

添加爆炸效果

现在当女巫丢了一条命时，并没有发生什么
特别的事情。我们来修正一下这个缺陷，伴
随着爆竹炸裂，女巫"砰"的一声飞出去，
再添加一个尖叫声，最后更新计数器，显示
出她还剩下多少条命。

16 给女巫添加这段代码，让她在丢失一
条命的时候做出一些反应。如果她还
有剩余的生命值，会在消失两秒钟以
后再回到舞台的中央继续战斗。如果
她的生命值耗尽了，游戏就结束了！
添加一个新消息"游戏结束"，你稍
后会用到它。现在试玩一下游戏。女
巫会不断失去生命值，当变量"生命
值"为 0 以后，游戏就完全停止了。

从声音库中，添
加"Scream 1"

如果女巫还有生命值，
这个指令会让她歇一会
儿后重新出现

"游戏结束"的消息会触发
你稍后创建的一个标记

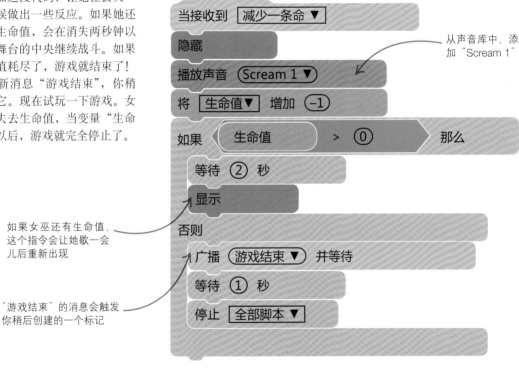

17 要创造爆炸效果，你需要一个新的角色。不要复制
火球角色，从角色库中添加一个新的球角色"Ball"，
把它命名为"爆炸"，然后点击造型标签，选择第二
个造型，这样球就变成了蓝色。

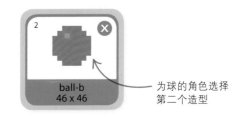

为球的角色选择
第二个造型

18 现在为爆炸角色添加两段代码。第一段代码创建了 72 个微小的隐身蓝球克隆体，每一个都指向不同的方向。第二段代码让它们从女巫所在的位置向外以圆环形炸开。仔细阅读代码，弄清楚什么触发了爆炸。

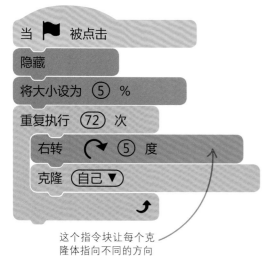

这个指令块让每个克隆体指向不同的方向

爆炸克隆体向外运动，到达舞台边缘后消失

19 当爆炸克隆体收到消息"减少一条命"，所有的蓝球克隆体出现在女巫所在的位置，然后向四周炸开，飞向舞台边缘，到达舞台边缘后再次隐藏起来。运行游戏，让一只蝙蝠碰到女巫，看看爆炸的效果。

将"生命值"变量移动到舞台右上方

女巫碰到蝙蝠，会炸裂出一个由蓝色小球组成的圆环

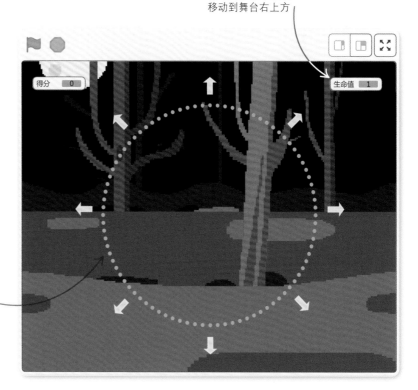

敏捷的怪兽

现在我们要再增加一些游戏的恐怖元素，添加一种不同
的角色。你可以先复制原来的蝙蝠，然后添加新的造型，
修改代码，创造一种超快的怪兽格里芬。

20 为了避免重写黑色蝙蝠的所有代码，我们
可以用鼠标右键点击它，然后通过复制功
能创建一个角色。角色"蝙蝠 2"会出现在
角色列表中，把它重命名为"怪兽格里芬"。

蝙蝠
复制
导出
删除

点击这里，
复制角色

21 点击怪兽格里芬的造型标签，你会看
见复制过来的黑色蝙蝠有两个造型。
为了让怪兽格里芬看起来和黑色蝙
蝠不一样，你需要添加一些新造型，
点击"选择一个造型"图标，从造型
库中选择一个新造型。

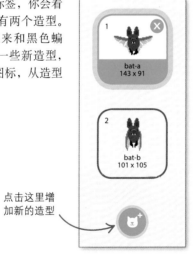

1
bat-a
143 x 91

2
bat-b
101 x 105

点击这里增
加新的造型

使用造型功能来
改变我们的外貌、
表情和动作。

22 添加两个新造型"Griffin-a"
和"Griffin-b"，它们的翅
膀在不同的位置。

3
Griffin-a
256 x 219

4
Griffin-b
256 x 186

23 现在删掉这个角色中多余的黑色蝙蝠造
型。很简单，选中你想要删除的造型，然
后点击右上角的小叉。

1
bat-a
159 X 120

点击这里，
删除造型

24 要想让怪兽格里芬加速，请修改它的移动指令块，使它的移动速度变为黑色蝙蝠的两倍。

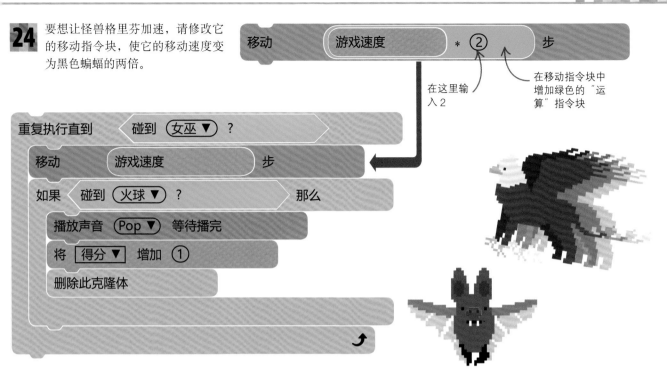

移动 游戏速度 * ② 步

在这里输入 2

在移动指令块中增加绿色的"运算"指令块

重复执行直到 碰到 女巫 ▼ ？

　移动 游戏速度 步

　如果 碰到 火球 ▼ ？ 那么

　　播放声音 Pop ▼ 等待播完

　　将 得分 ▼ 增加 ①

　　删除此克隆体

25 如果游戏中怪兽格里芬过多，那就太难了。所以在已有的代码中做一些修改，让它们出现得晚一点、少一些。

26 检查一下怪兽格里芬的代码区，那里应该和蝙蝠一样有 4 段代码。运行游戏，在一些黑色蝙蝠发起攻击之后，更快也更危险的怪兽格里芬将会出现，扇动着翅膀飞过来。

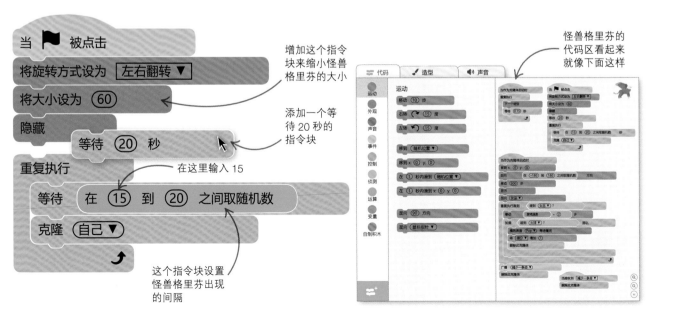

当 ▶ 被点击

将旋转方式设为 左右翻转 ▼

将大小设为 ⑥⓪

隐藏

　等待 ⑳ 秒

重复执行

　等待 在 ⑮ 到 ⑳ 之间取随机数

　克隆 自己 ▼

增加这个指令块来缩小怪兽格里芬的大小

添加一个等待 20 秒的指令块

在这里输入 15

这个指令块设置怪兽格里芬出现的间隔

怪兽格里芬的代码区看起来就像下面这样

喷火恶龙

女巫的下一个敌人是喷火恶龙。恶龙不像蝙蝠和怪兽格里芬那样直接扑向女巫，它会缓慢地盘旋前进，让女巫有更多的时间来防御。

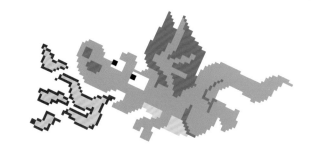

27 再次复制"蝙蝠"角色，把复制品改名为"恶龙"。添加两个新造型"Dragon1-a"和"Dragon1-b"，然后删掉蝙蝠造型。

在这里输入新的角色名字

角色	恶龙		↔ x	20
显示	👁 ⦸	大小	100	

28 现在修改一下复制过来的角色代码。首先，修改造型代码让恶龙可以急促地喷射火焰。

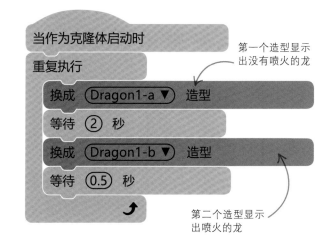

当作为克隆体启动时
重复执行
　换成 (Dragon1-a ▼) 造型
　等待 ② 秒
　换成 (Dragon1-b ▼) 造型
　等待 (0.5) 秒

第一个造型显示出没有喷火的龙

第二个造型显示出喷火的龙

29 接下来，我们修改恶龙的运动方式，让它沿着螺旋形飞行。把"面向女巫"的指令块移动到一个"重复执行直到……"循环里面，添加一个"右转80度"的指令。

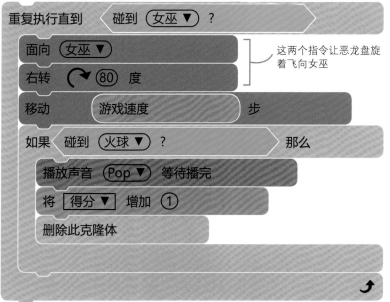

重复执行直到 〈 碰到 (女巫 ▼) ? 〉
　面向 (女巫 ▼)
　右转 ↻ (80) 度
　移动 (游戏速度) 步
　如果 〈 碰到 (火球 ▼) ? 〉 那么
　　播放声音 (Pop ▼) 等待播完
　　将 [得分 ▼] 增加 ①
　　删除此克隆体

这两个指令让恶龙盘旋着飞向女巫

30 为了延缓恶龙在舞台上出现的时间，添加一个"等待 10 秒"的指令块。然后修改"在 ×× 到 ×× 之间取随机数"指令块中的数字，把它们设置为"10 到 15"。这会让恶龙的克隆体每隔 10 到 15 秒出现一个。当你完成了所有的修改，测试游戏，看看能否正常运行。

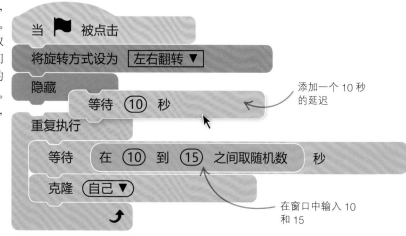

添加一个 10 秒的延迟

在窗口中输入 10 和 15

■ ■ 游戏设计

主题式创作

在"扫帚上的厄运"中，诡异的场景和超自然的角色一起合作，赋予了游戏一个主题。一个鲜明的主题结合了游戏中的各种元素，会让游戏变得非常精致和专业。尽情发挥自己丰富的想象力吧，你会从主题式创作中获得很多乐趣。

△故事

一个背景故事或者一些问题有助于为游戏设置主题。也许玩家正努力地从一栋闹鬼的房子里逃跑，搜寻水下的财宝，探索一个奇异的星球。除了创作一个新故事，你也可以利用一些著名故事，但可以进行变形，比如把金发姑娘和三只小熊的故事放到太空背景下。

△音乐和声效

游戏中的音乐、声效对玩家的感受会产生巨大的影响。诡异的音乐让玩家变得神经紧张，欢快的音乐让游戏变得轻松愉快。恰当地选择声效，让它们与角色、场景更吻合。

△场景

如果你选对了背景图片，会让游戏中的角色就像身处真实的地方，而不是贴在背景图上。你可以用绘图编辑器自己绘制背景图，也可以上传任何你收藏或者创作的图片。

△角色

玩家通常都是游戏中的英雄，可以挑选一个讨喜的角色。敌人不必看起来很可怕，即使是很萌的角色，发起进攻时你也会很紧张。如果玩家需要收集物品，选择那些看起来很有价值的，比如硬币或者宝石。

幽灵

超自然的英雄需要有超自然的敌人，所以再添加一些幽灵来追赶女巫吧。
当火球击中它们，它们不是立刻消失，而是慢慢地淡出。

31 为了创建幽灵，我们先复制"蝙蝠"角色，然后重命名为"幽灵"，把原来蝙蝠的造型替换为"Ghost-a"和"Ghost-b"。

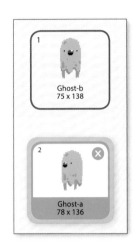

32 修改下面的代码，让造型每隔一秒改变一次。

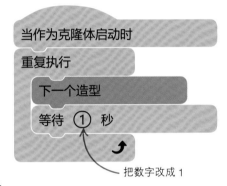

把数字改成 1

33 修改幽灵的代码，让它缓慢移动，被火球击中后慢慢淡出。点击指令块面板上方的"声音"组，从声音库里添加音效"Screech"。然后修改"播放声音"指令的选项，改成"Screech"。这样，当幽灵消失的时候，会发出尖叫声。

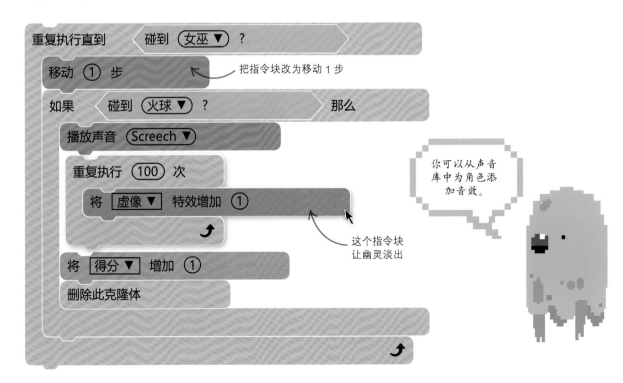

把指令块改为移动 1 步

这个指令块让幽灵淡出

你可以从声音库中为角色添加音效。

34 现在在幽灵的主代码中添加一个"等待 10 秒"的指令，推迟它第一次出现的时间。改变"在 × × 到 × × 之间取随机数"指令中的数字，让幽灵比蝙蝠出现得更频繁。

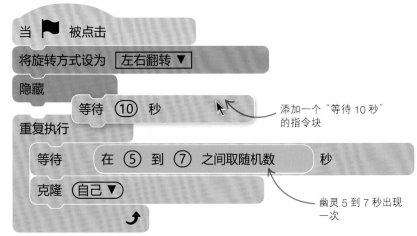

添加一个"等待 10 秒"的指令块

幽灵 5 到 7 秒出现一次

35 当你完成了所有的修改，测试一下游戏，尝试用火球打击每一种敌人，确保程序运行正常。

被火球击中后，幽灵会慢慢淡出

36 你可以从 Scratch 的造型库中添加更多的怪兽到游戏中。记住复制"蝙蝠"角色的代码，替换它的造型，这样就不用从头开始为新怪兽编写代码了。修改新怪兽的代码，改用新造型，并且调整时间。

结尾的润色

现在，让我们再润色一下游戏的结尾。为了让游戏显得更专业，可以在女巫耗尽所有生命值之后添加一个"游戏结束！"的屏幕提示。还可以在游戏开始的时候，让女巫给出游戏说明。

37 在角色菜单中，点击"绘制"图标，用绘图编辑器创建一个新角色。选择位图模式，画一个黑色长方形。然后切换到矢量图模式，选择文字工具，挑一个你喜欢的字体，指定字体颜色为红色。在长方形中间点一下，输入"游戏结束！"，然后用选择工具把长方形放大。

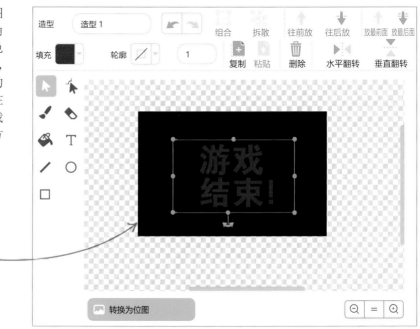

在这里输入"游戏结束！"

38 现在给"游戏结束"角色添加如下代码，让它在开始的时候隐藏起来，只有当最后女巫失去所有的生命时才显示出来。运行游戏，当女巫生命值为 0 时，这个提示会出现在舞台上。

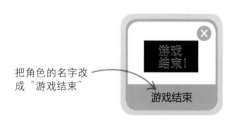

把角色的名字改成"游戏结束"

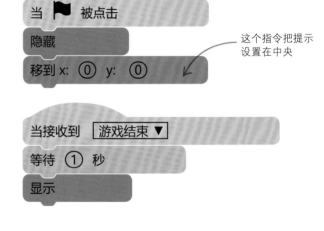

这个指令把提示设置在中央

39 给女巫增加一段代码,在游戏开始时,女巫会给玩家提供操作提示。如果时间太短,你可以修改"说……"指令块中的 3 秒设置,但是别设定得太长,蝙蝠们可是急不可耐了!

按左右方向键让我旋转,按空格键能发射火球!

当 🚩 被点击

说 | 按左右方向键能让我旋转,按空格键能发射火球!▼ | ③ 秒

在这里输入
操作提示

挑战者模式

当玩家越来越熟练,得分越来越高时,他们会觉得这个游戏有点无聊了。为了避免这个问题,我们可以让游戏变得越来越快。

40 玩家得分后,想让游戏变得越来越快,方法就是在女巫的运动循环中添加一个指令块,把变量"游戏速度"的值设定为变量"得分 / 100+1"。

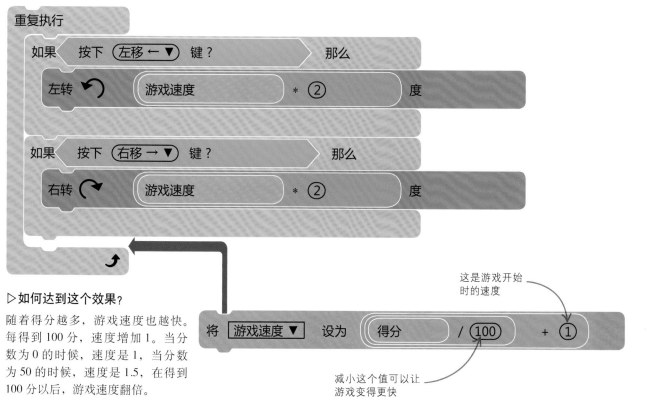

重复执行

如果 按下 (左移 ← ▼) 键? 那么

左转 ↺ (游戏速度 * ②) 度

如果 按下 (右移 → ▼) 键? 那么

右转 ↻ (游戏速度 * ②) 度

▷**如何达到这个效果?**

随着得分越多,游戏速度也越快。每得到 100 分,速度增加 1。当分数为 0 的时候,速度是 1,当分数为 50 的时候,速度是 1.5,在得到 100 分以后,游戏速度翻倍。

将 (游戏速度 ▼) 设为 ((得分 / (100)) + ①)

这是游戏开始时的速度

减小这个值可以让游戏变得更快

补充生命值的河马

到目前为止，我们都是在增加敌人。为了帮助玩家，我们要添加一个友善的飞行河马，如果它们没有被火球击中，碰到女巫时就会给她增加额外的生命。

41 复制"蝙蝠"角色，重命名为"河马"。把它的造型替换为造型库里的"Hippo1-a""Hippo1-b"。使用绘图编辑器，在造型里写上两条留言"补充生命！"和"别用火球打我！"，让玩家知道它不是敌人。

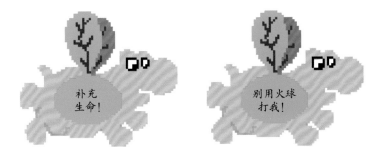

42 修改河马的代码，当火球击中它时玩家不会得分，相反当它碰到女巫时玩家会得到额外的生命。修改"面向……方向"指令中的数值，不要让河马身上的文字倒转过来。

把这个值修改成 0

```
面向   在 (−180) 到 (0) 之间取随机数   方向
移动 (300) 步
显示
面向 (女巫 ▼)
重复执行直到   碰到 (女巫 ▼) ?
    移动   游戏速度   步
    如果   碰到 (火球 ▼) ?   那么
        播放声音 (Pop ▼) 等待播完
        删除此克隆体
将 (生命值 ▼) 增加 (1)
删除此克隆体
```

这个指令给女巫的生命计数器增加额外的生命

43 修改造型代码的等待时间，让河马每隔一秒切换一次造型，以便玩家有时间看明白它身上的提示文字。

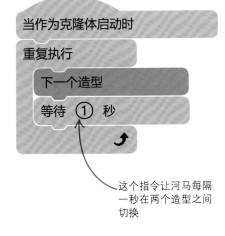

```
当作为克隆体启动时
重复执行
    下一个造型
    等待 (1) 秒
```

这个指令让河马每隔一秒在两个造型之间切换

44 为了避免游戏过于简单，可以让补充生命值的河马变得稀少些。修改这段代码让它们间隔30到60秒出现一次。

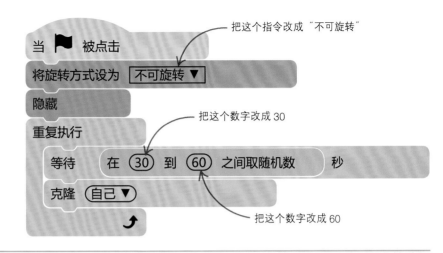

把这个指令改成"不可旋转"

当 🏳 被点击
将旋转方式设为 [不可旋转 ▼]
隐藏
重复执行
　等待 在 (30) 到 (60) 之间取随机数 秒
　克隆 [自己 ▼]

把这个数字改成 30

把这个数字改成 60

修正与微调

现在，开始运行游戏吧！你可以进行测试，并通过修改或添加元素，把它变得更个性化。试一试下面的这些建议。

▷飞行女巫

你可以添加右图中的代码让女巫飞起来，而不是让她在一个固定点旋转。为了让她在飞行的时候转得快一点，可以增大旋转指令块中的数字。

当 🏳 被点击
重复执行
　移动 (1) 步

这个指令块会让女巫持续飞行

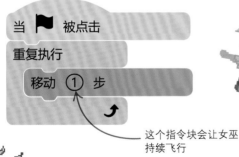

△符咒黏合剂

你能想象女巫会发射的另一种符咒么？调整她的代码和造型，让她用闪电去攻击敌人，或者让她发射其他某种充满想象力的符咒。

▷用鼠标控制女巫

使用这段代码能让玩家用鼠标而不是键盘来旋转女巫。如果游戏太简单了，那就增大"游戏速度"的数值。你也可以试着修改代码，用鼠标来发射火球。

当 🏳 被点击
重复执行
　面向 [鼠标指针 ▼]
　右转 ↻ (45) 度

这个指令块增加了用鼠标控制女巫的难度

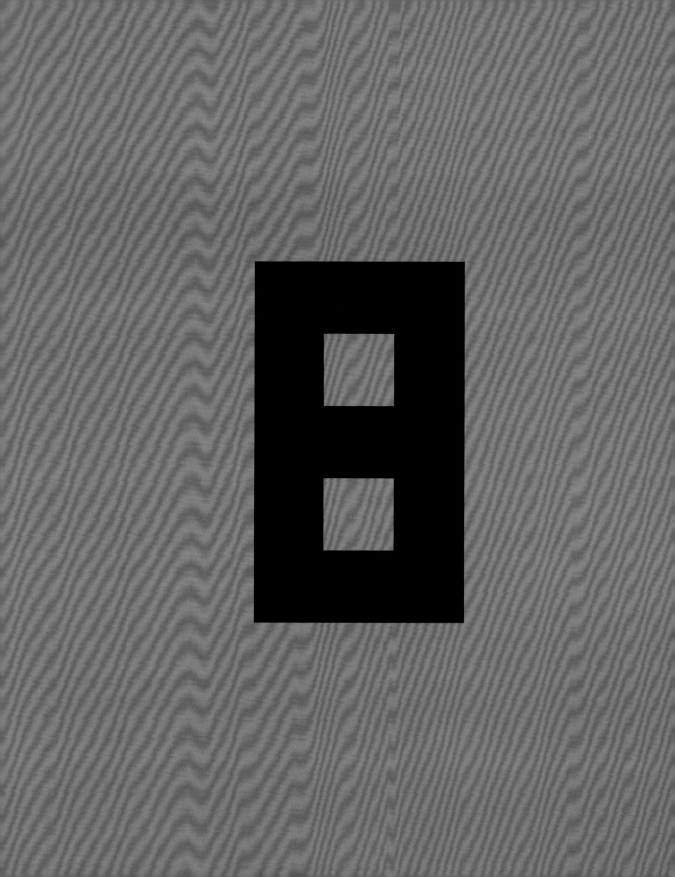

小狗的晚餐

如何制作"小狗的晚餐"

小狗的晚餐是一款平台类游戏，在这类游戏中，玩家需要操控角色从一个平台跳跃到另一个平台上，不断收集宝物，避免碰到敌人或者陷阱。成功的关键在于精准控制跳跃的时机，在游戏中存活。

游戏的目标

小狗喜欢骨头但讨厌垃圾食品。操控小狗从一个平台跳到另一个平台，收集舞台上美味的骨头，然后穿越传送门进入下一关，一共要通过3道关卡。但是，要确保它不会碰到不健康的蛋糕、奶酪泡芙和甜甜圈。

◁小狗

使用左右键控制小狗奔跑。按空格键能让它跳跃。

◁骨头

小狗需要集齐所有的骨头，才能打开传送门进入下一关。在收集到所有骨头之前，传送门会一直关闭。

◁垃圾食品

一旦小狗碰到了任何垃圾食品，游戏就会结束。然后你需要从第一关重新开始，不管之前已经玩到了第几关。

小狗要奔跑、跳跃，通过所有关卡，只有站在一个平台上的时候，它才可以跳跃

集齐所有的骨头，没有骨头就无法通过传送门

奶酪泡芙和蛋糕是静止的垃圾食品，与甜甜圈不一样，它们不会移动

点击这里退出全屏模式

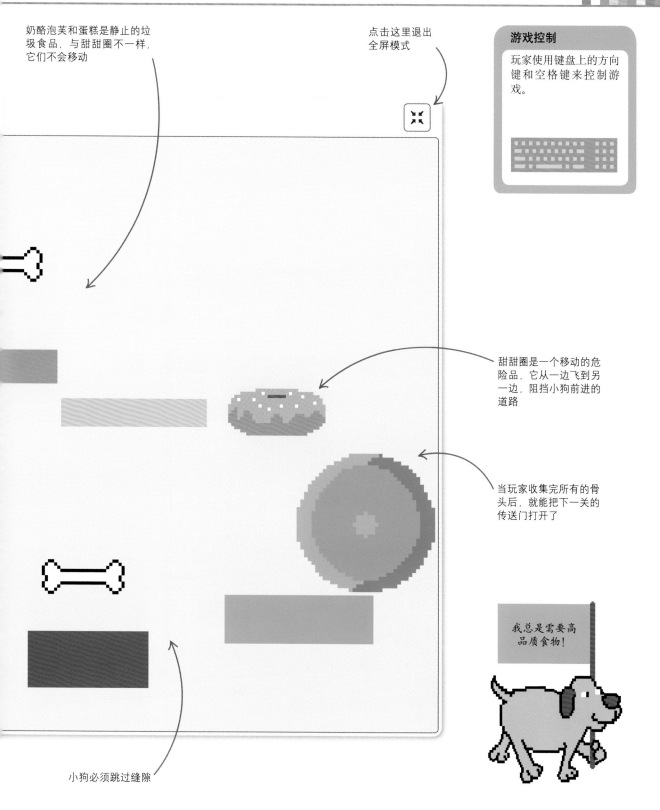

甜甜圈是一个移动的危险品，它从一边飞到另一边，阻挡小狗前进的道路

当玩家收集完所有的骨头后，就能把下一关的传送门打开了

小狗必须跳过缝隙

游戏控制

玩家使用键盘上的方向键和空格键来控制游戏。

我总是需要高品质食物！

平台上的玩家

这是一个复杂的游戏，我们需要仔细检查每一步设计。别担心，一次做一点，作品会逐渐完善。最开始，我们做一个简单的玩家角色，用一个红色的方块代表玩家，让它在平台上行进。这样的设计可以很方便地检查它有没有和平台触碰。稍后，你很容易在它上面添加蓝色的小狗。

1 新建一个作品，把它命名为"小狗的晚餐"。先做一个简单的玩家角色，点击角色菜单中的"绘制"图标。确保处于位图模式。在调色板中选择红色，选中矩形工具，点击实心矩形选项。

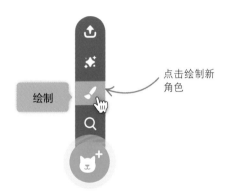

点击绘制新角色

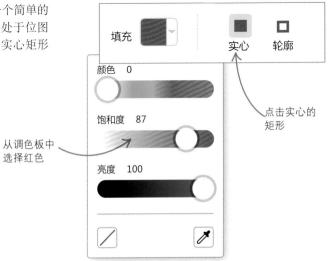

点击实心的矩形

从调色板中选择红色

2 按住 Shift 键，在绘图编辑器中拖拽鼠标画一个红色的小正方形。点击一下方块的外面，在造型列表中可以看到方块的尺寸，目标尺寸是 35×35。

方块应该比舞台上的小猫脸部还要小

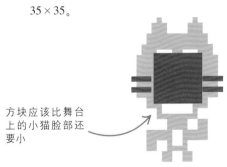

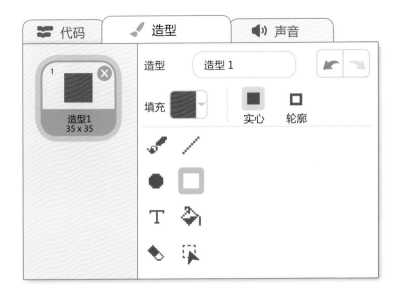

3 如果方块太大或者太小，可以重新调整它的尺寸。点击选择工具，然后在方块的周围画一个方形。拖拽方形顶角调整大小，直到红色方块尺寸合适为止。确保小方块位于绘图区中心的小十字标上。

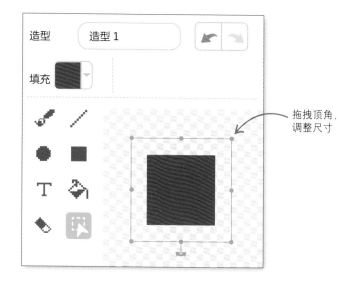

拖拽顶角，调整尺寸

4 把角色的名字改成"玩家方块"，你操控的角色就准备好了！现在可以删掉小猫了。

玩家方块

小猫，在这个游戏中，我们不需要你，所以要把你删除啦！

我知道，但是我会回来的！

5 现在添加一个简单的平台。点击角色菜单中的"绘制"图标。使用矩形工具画一块地板，在上面加两个方块障碍物。把这个角色命名为"平台"。在舞台上，拖动你的玩家方块，把它放在障碍物中间，但是要确保它没有碰到平台。

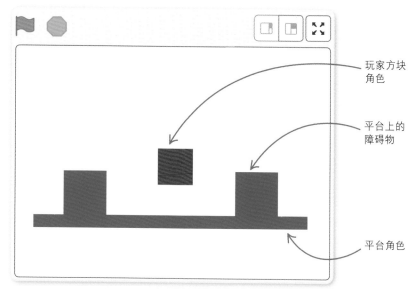

玩家方块角色

平台上的障碍物

平台角色

四处奔跑

下一步是按下方向键，驱使玩家方块跑动起来。你需要一段代码，让玩家方块在碰到障碍物的时候反弹，停止运动。为了让程序更加清晰可读，我们要做自定义模块。

7 这里现在只有一个按钮，并没有任何指令块。点击"制作新的积木"，在窗口中输入"奔跑控制"，它就是新模块的名字，然后点击"完成"。

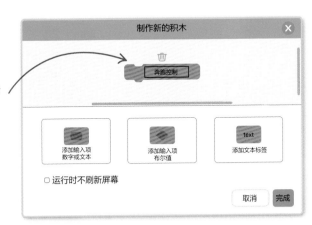

在这里输入新模块的名字

6 选中"玩家方块"角色以后，到指令块面板中，选择代码标签，然后点击"自制积木"。

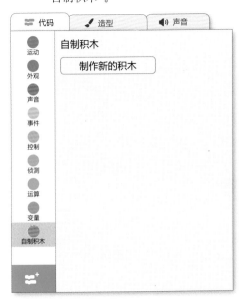

8 新的指令块出现在了"自制积木"区内，同时代码区也出现了一个写着"定义"字样的粉红色头模块。

术语

子程序

在 Scratch 中，你可以把一组指令块放在一个叫作"定义"的头模块下面，然后用自己命名的这个新模块来运行这一组指令。当很多地方都需要用到这一组指令时，这个方法可以节约时间，避免再次编写同样的一组指令。（但是，为角色编写的自定义模块就只能在这个角色中使用。）给自定义模块起一个有意义的名字，会让程序更容易理解。在大多数编程语言中，你都可以把有用的指令打包在一起，然后重命名，作为一个单元来使用。不同的编程语言用不同的方式来称呼这些单元：子程序、过程、函数是比较常用的叫法。

我喜欢使用这些子程序模块。

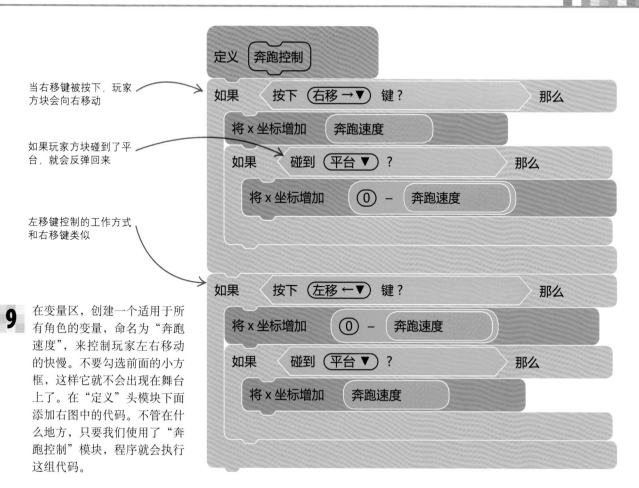

当右移键被按下，玩家方块会向右移动

如果玩家方块碰到了平台，就会反弹回来

左移键控制的工作方式和右移键类似

9 在变量区，创建一个适用于所有角色的变量，命名为"奔跑速度"，来控制玩家左右移动的快慢。不要勾选前面的小方框，这样它就不会出现在舞台上了。在"定义"头模块下面添加右图中的代码。不管在什么地方，只要我们使用了"奔跑控制"模块，程序就会执行这组代码。

10 下一步，添加如下代码，在一个"重复执行"循环中使用你新建的自定义模块。

11 现在，运行这个作品。你应该能使用左右键控制红色方块左右移动，但是不会穿过障碍物。

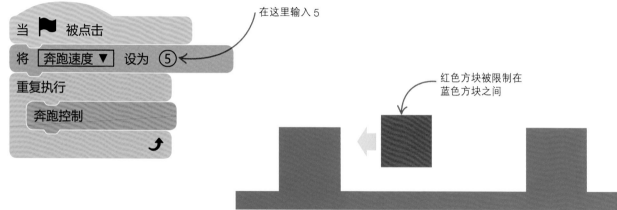

在这里输入 5

红色方块被限制在蓝色方块之间

上下运动

平台游戏总是和跳跃有关，但是没有重力的话，角色就无法跳跃，所以我们需要给游戏加入重力模拟。如果你之前完成了"跳跃的猴子"的游戏，就应该了解重力是如何工作的。

12 添加两个适用于所有角色的新变量："重力"和"下落速度"。不要勾选前面的小方框。然后点击自制积木，创建一个新模块，命名为"重力模拟"，按照如下代码编写。它会让玩家方块按照"下落速度"向下运动，然后检查是否碰到了平台。一旦碰到了，它会抵消掉最后一次移动，并且设置"下落速度为0"，这样平台就阻止了玩家方块的下落。

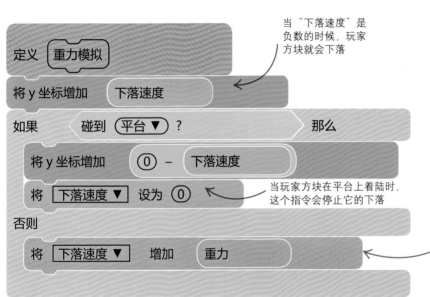

当"下落速度"是负数的时候，玩家方块就会下落

当玩家方块在平台上着陆时，这个指令会停止它的下落

如果玩家方块没有碰到平台，那么这个指令让下落加速

你需要设定好重力的值！

13 在玩家方块的主程序中插入右边的代码。请确保"重力"的值设定为−1，"下落速度"设定为0。

在这里插入设置重力和下落速度的指令

把重力模拟模块放入重复执行的循环内

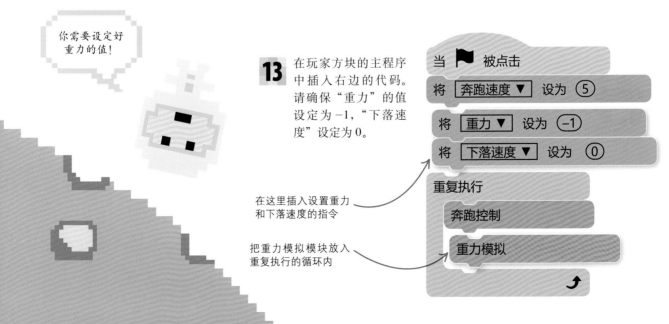

14 运行这个作品，用鼠标抓起红色方块，从上方坠落。它会下降到平台，然后停止。但是这里有一个问题：它会停止在平台上方。这是因为我们的程序是碰到平台就弹回，然后以一个比较慢的速度再下落再弹回。我们稍后将修复这个漏洞。

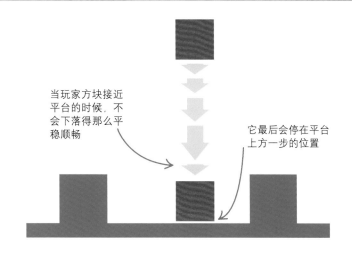

当玩家方块接近平台的时候，不会下落得那么平稳顺畅

它最后会停在平台上方一步的位置

15 现在我们要实现跳跃。这很容易：只要当你按下空格键，向上推一把玩家方块就行了。首先，创建一个适用于所有角色的变量"起跳速度"，这是玩家方块向上起跳时的速度。然后创建一个新的自制积木，命名为"跳跃控制"，把它设置为右边的代码。

这个指令块把下落速度设定为正数，所以玩家方块就升起来了

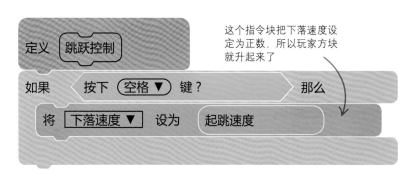

在这里插入一个"设定起跳速度"的指令

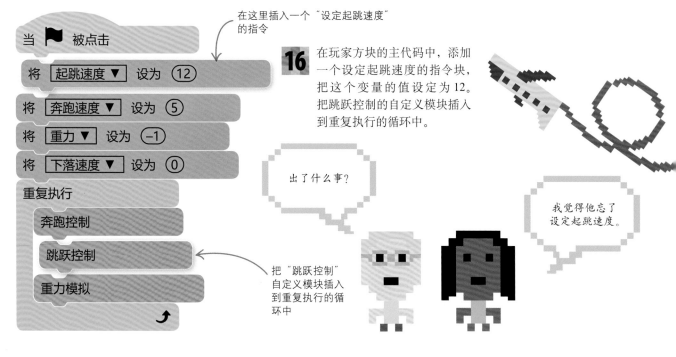

16 在玩家方块的主代码中，添加一个设定起跳速度的指令块，把这个变量的值设定为12。把跳跃控制的自定义模块插入到重复执行的循环中。

出了什么事？

我觉得他忘了设定起跳速度。

把"跳跃控制"自定义模块插入到重复执行的循环中

17 现在运行作品吧。短促地按下空格键，玩家方块会跳起，再落下来。你可以把奔跑控制和跳跃控制结合起来，让方块跳上平台或者越过平台上的障碍物。现在你已经搞定了一个平台游戏。但是，程序里还有一个漏洞：如果按住空格键不放手，那么玩家方块就会永远向上。

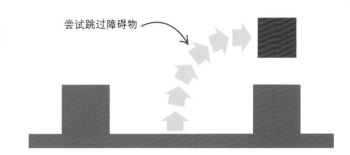

尝试跳过障碍物

修正跳跃时的漏洞

有两个漏洞破坏了我们的跳跃控制：一个导致玩家方块无限制地上升；另一个让它无法平滑地降落。通过调整跳跃控制、重力模拟，你可以修复它们。

18 要修正无限跳跃的漏洞，可以在"跳跃控制"指令块中增加一个检测，看看玩家方块是在平台上还是平台上方的空中。（记住"重力模拟"代码会让玩家方块停留在平台上方一步高的位置上，所以两个角色没有接触。）当玩家方块在跳起的半空中，这个调整会让空格键失效。

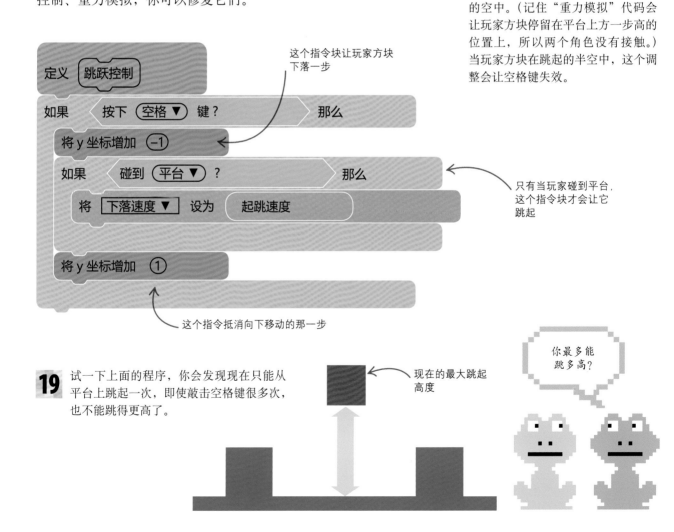

这个指令块让玩家方块下落一步

只有当玩家碰到平台，这个指令块才会让它跳起

这个指令抵消向下移动的那一步

19 试一下上面的程序，你会发现现在只能从平台上跳起一次，即使敲击空格键很多次，也不能跳得更高了。

现在的最大跳起高度

你最多能跳多高？

20 现在修正另一个跳跃问题（在平台的上方悬停，再慢慢落下）。你需要修改玩家方块接触平台时的代码。目前，当红色方块碰到平台的时候，会根据"下落速度"来抵消运动。创建一个适用于所有角色的新变量"退返距离"，按如下代码修改"重力模拟"的自定义模块。

如果玩家方块在下落（"下落速度"是负数），把"退返距离"设定为 +1（向上）

如果玩家方块是上升或者静止，把"退返距离"设定为 −1（向下）

红色方块退返一步

这个"如果……那么……否则……"指令块决定玩家方块用何种方式退回

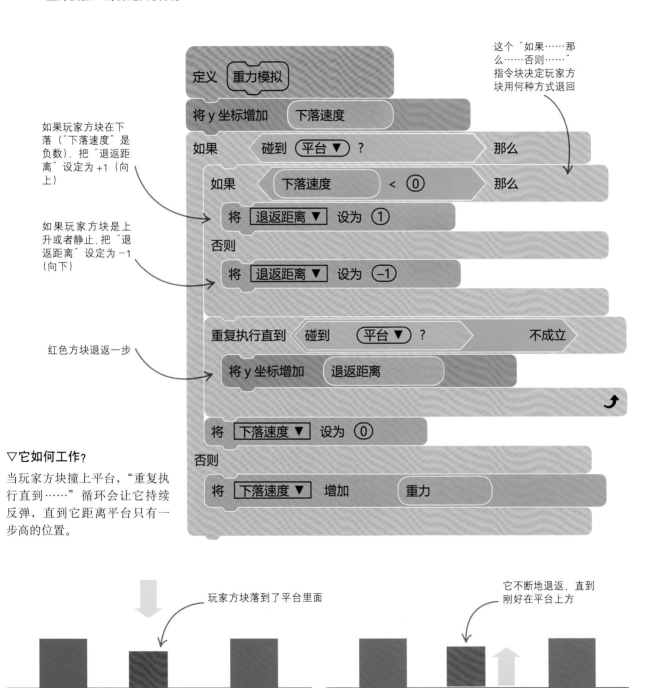

```
定义  重力模拟

将 y 坐标增加  下落速度

如果  碰到（平台▼）?  那么

    如果  下落速度 < 0  那么

        将 退返距离▼ 设为 1

    否则

        将 退返距离▼ 设为 -1


    重复执行直到  碰到（平台▼）? 不成立

        将 y 坐标增加  退返距离


    将 下落速度▼ 设为 0

否则

    将 下落速度▼ 增加  重力
```

▽它如何工作？

当玩家方块撞上平台，"重复执行直到……"循环会让它持续反弹，直到它距离平台只有一步高的位置。

玩家方块落到了平台里面

它不断地退返，直到刚好在平台上方

21 现在再试一试跳跃。你会发现玩家方块跃起的速度非常缓慢。不想让它这么迟缓怎么办？有一个小诀窍可以修正这个问题。用鼠标右键点击自定义模块的头模块，然后在弹出的菜单中选择"编辑"。

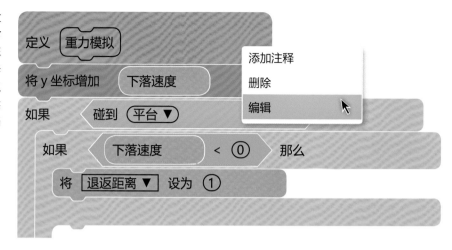

22 "制作新的积木"窗口又出现了。勾选最下面的"运行时不刷新屏幕"。这样会让重力代码一次运行完毕（不会显示每一次退返），于是就消除了缓慢的现象。

勾选此项，整个代码的运行速度会加快

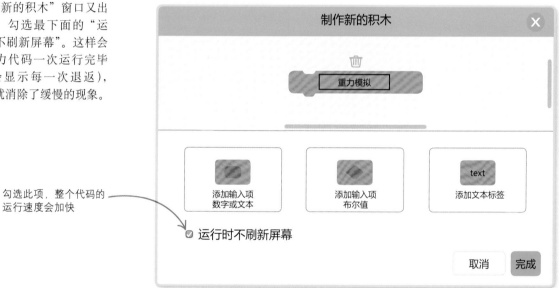

23 现在试着跳得更高。你刚刚做的调整让玩家方块的跳起和下落都更平稳了。

我从来没见过一个方块可以下落得如此平稳！

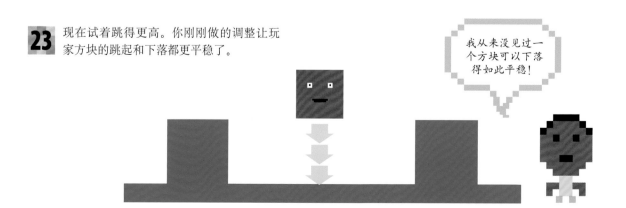

游戏设计

哪一种跳跃？

游戏中可以有各种跳跃方式，选择哪一种对游戏设计很关键。

▽单跳

这就是你在"小狗的晚餐"中所用的跳跃。小狗只有在地板上的时候，才可以跳跃。它跳起来然后又落下，但是有些游戏里，玩家控制的角色可以在半空中调整左右方向。

▽双跳

在修正无限上跳程序之前的跳跃方式就属于这一种：你可以在空中再次起跳，跳得更高。在有些游戏里，空中双跳被增加了限制条件，例如，只有向上运动的时候才可以这样做。

▽墙跳

当你碰到一堵墙，可以再次起跳。忍者类型的角色常常具有这样的能力。它不太现实却很有趣。

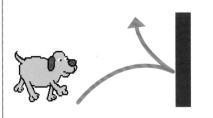

跌落水平面

平台类游戏要求玩家坚持留在平台上。现在，给玩家方块添加另一段代码，当它跌落到舞台底部时，游戏就结束了。

24 创建一个新的自定义模块，叫作"跌落"，它的代码如下。它用于检查玩家方块是否在舞台的底部。把它也放入重复执行的循环中。然后，按本页最下方的样子，编写一段代码，当接收到"游戏结束"的消息后，停止角色正在运行的代码。测试新的程序：当方块撞到舞台底部的时候，游戏会结束。

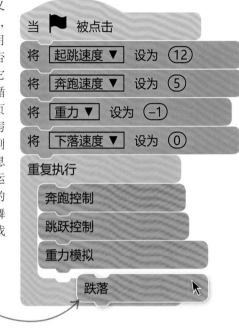

把这个自定义模块放入重复执行的循环中

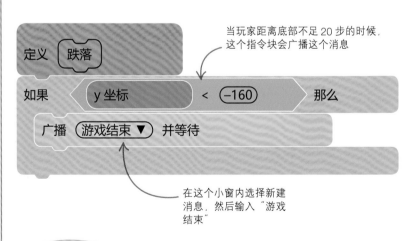

当玩家距离底部不足20步的时候，这个指令块会广播这个消息

在这个小窗内选择新建消息，然后输入"游戏结束"

"停止"指令块阻止玩家继续移动

添加正式主角

对平台游戏来说，一个红色的方块不能算是有趣的主角。你需要某个更有意思的角色，可以实现动画效果的那种，现在小狗出场的时候到了。

我消失的时候到了！

这个指令让小狗在开始的时候面朝右侧

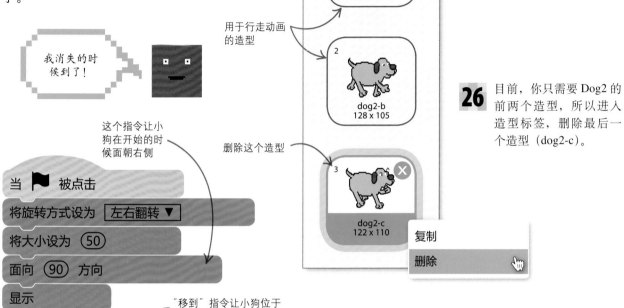

用于行走动画的造型

删除这个造型

dog2-a
128 x 111

dog2-b
128 x 105

dog2-c
122 x 110

复制

删除

25 点击"选择一个角色"，选中"Dog2"，Dog2 是一个很好用的角色，有很多不同的造型，这意味着你可以创建动画。

26 目前，你只需要 Dog2 的前两个造型，所以进入造型标签，删除最后一个造型（dog2-c）。

当 ▶ 被点击

将旋转方式设为 左右翻转 ▼

将大小设为 50

面向 90 方向

显示

重复执行

"移到"指令让小狗位于红色方块位置

移到 玩家方块 ▼

移到最 前面 ▼

小狗出现在红色方块的前面

如果 按下 左移 ←▼ 键？ 那么

面向 -90 方向

下一个造型

如果按下左移键，那么小狗就面朝左侧

如果 按下 右移 →▼ 键？ 那么

面向 90 方向

下一个造型指令，让小狗形成走路的动画

下一个造型

27 把左边的代码添加到角色 Dog2。它把小狗粘在玩家方块的前面，这样就能随着方块移动。当你按下左移或右移键时，小狗会在造型之间连续切换，看起来像在走路一样。

瞧啊，我在走路呢！

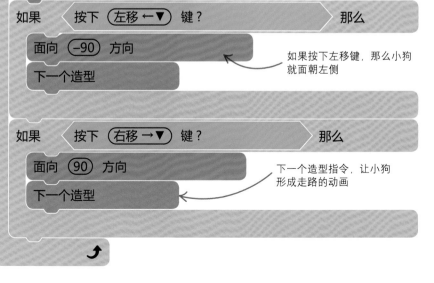

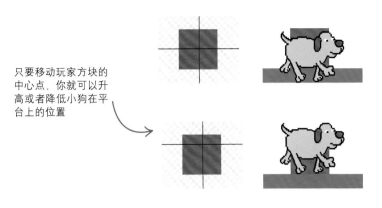

只要移动玩家方块的中心点，你就可以升高或者降低小狗在平台上的位置

28 运行作品，小狗会在舞台上跟着玩家方块到处走动。如果它的爪子位置太低，陷入了平台里，你可以在绘图编辑器中抬高玩家方块造型的中心点（因为小狗是粘在玩家方块上的）。小狗只是一个装饰品，所以走路时爪子是否伸到外面无关紧要。所有的碰撞检测都是由红色方块完成的。

碰撞检测

碰撞检测——知道两个物体何时和如何接触，对游戏制作者来说是一个巨大的编程挑战。本书中的大部分游戏只使用简单的碰撞检测，但是"小狗的晚餐"使用了一个"碰撞检测角色"。

▽简单的碰撞检测

这个方法简单地判断玩家角色是否碰到了一个危险的东西，对简单的游戏来说已经够用了。但是如果没有更多的代码，你无法知道玩家的哪个部分被碰触了，或者重叠度有多少。而且，当角色切换造型有动画效果时，它的爪子可能会伸出去，造成错误的碰撞检测。

▽碰撞检测角色

用一个简单的长方形跟随动画角色，可以避免造型切换带来的问题（就像我们的红色方块和蓝色小狗），因为玩家方块总有着相同形状和大小。但是你仍然不知道角色的哪个部分发生了触碰。我们在退返代码中用到的编程小技巧可以解决这一类的某些问题。

▽保险杆角色

你可以在玩家周围加一圈保险杠角色，它会跟随玩家移动，并且检测碰撞发生在哪一个方向。知道了碰撞方向，你就可以让它正确地反弹。要完成这一类型的检测，需要额外的角色和代码。

▽数学碰撞检测

如果你知道角色在游戏中的位置和它们精确的大小，通过使用数学方法，就能了解物体何时、如何彼此碰撞。警告：这种方法可能非常复杂，就像你在下面看到的一样。

```
if sqrt((dogx–jellyx)^2+(dogy–jellyy)^2) <
(dogR+jellyR) then BUMP!
```

嚎叫的小狗

为了让你的游戏更有个性，当游戏结束的时候，让小狗发出失望的嚎叫声。

29 从角色库中把"Dog2"添加进来作为一个新角色，但是这一次我们只保留造型"dog2-c"。把角色的名字改成"嚎叫的小狗"。从声音库中把声效"Wolf Howl"添加进来。

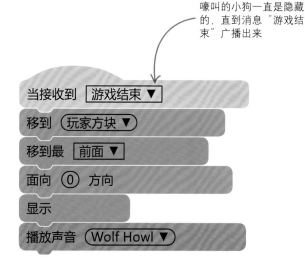

≡ 代码	🖌 造型	🔊 声音

造型 `dog2-c`

填充 [ ] 轮廓 [ ] 2

> dog2-c
> 122 x 110

删除造型 dog2-a，dog2-b，我们只需要 dog2-c

30 添加这两段代码，当游戏结束时让嚎叫的小狗出现在舞台上。

嚎叫的小狗一直是隐藏的，直到消息"游戏结束"广播出来

当 🚩 被点击

隐藏

将大小设为 `50`

将旋转方式设为 `任意旋转 ▼`

当接收到 `游戏结束 ▼`

移到 `玩家方块 ▼`

移到最 `前面 ▼`

面向 `0` 方向

显示

播放声音 `Wolf Howl ▼`

31 在 Dog2 角色（不是刚刚新增的嚎叫小狗角色）中增加如下的简短代码，当嚎叫小狗出现时，Dog2 就会立刻隐藏起来。运行作品，看看当小狗跌落舞台时会发生什么。

当接收到 `游戏结束 ▼`

隐藏

我们又来了！

设计关卡

下一步，我们来创建游戏的 3 道关卡。你必须手绘每道关卡的平台，尽量画得和书上一致，可以直接跳到第 148 页去看一看如何画平台。你会在以后增加角色。开始后，可以再回来参考第 145~147 页。

▽关卡 1

简单的彩色台阶让小狗可以一步步跳下山坡，收集骨头。小心地避开甜甜圈（它会左右滑动），在恰当的时机跳过它。

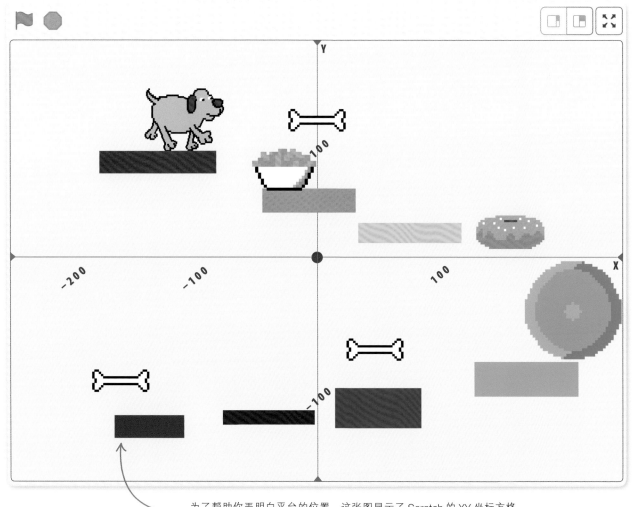

为了帮助你弄明白平台的位置，这张图显示了 Scratch 的 XY 坐标方格。想要看见 XY 坐标方格，可以在舞台信息区内右下角点击"选择一个背景"，翻页到最下面，选择"Xy-grid"。这一步不是必需的，但是你会发现它很有用。在完成平台绘制后，你可以把 XY 坐标方格图换成彩色的背景。

▽关卡 2

在第二关，平台很像一架梯子的横档。你需要
小心地安排平台的位置，让小狗跳下来不至于
被粘住，同时也不能让它太简单。

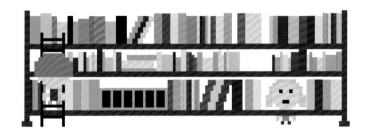

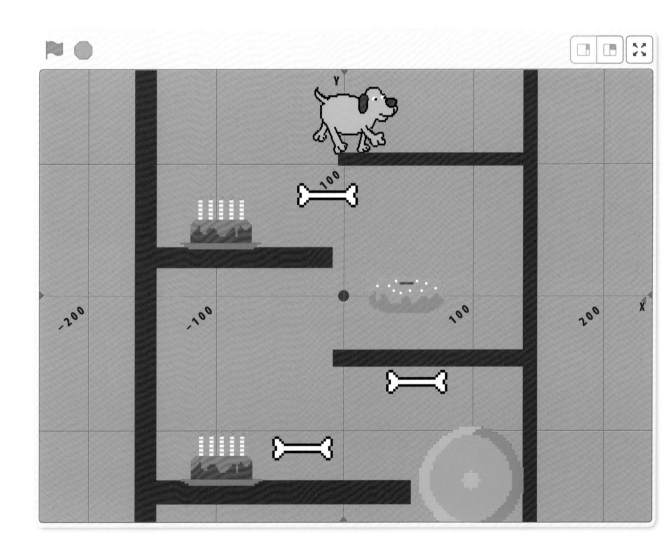

▽关卡 3

在最后一关，一些玩家可能会尝试跳过甜甜圈，但那是一个陷阱。更稳妥的方法是收集第一根骨头，然后向左退回去，完全避开甜甜圈。

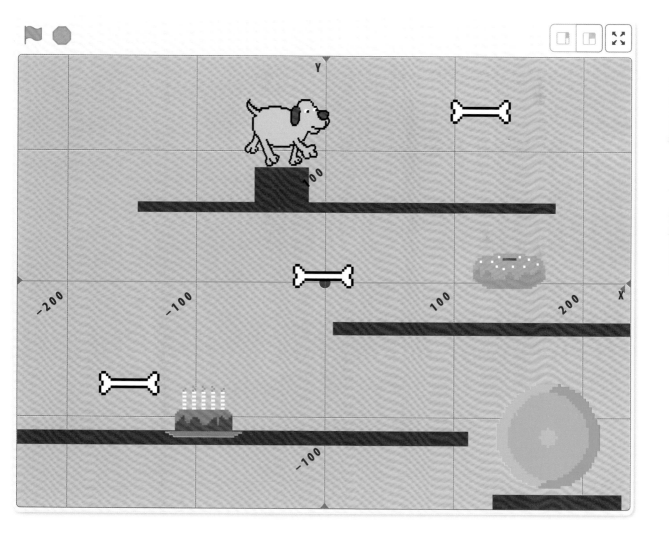

绘制平台

现在我们要开始创建平台。"小狗的晚餐"有 3 道关卡，所以我们需要创建 3 组平台。每一道关卡都将是平台角色的一个造型。

32 为游戏的 3 道关卡创建一个变量"关卡"。不要勾选前面的小方框，变量就不会出现在舞台上。把这段代码添加到平台角色中，就可以让游戏使用正确的平台造型。在你开始画平台之前，用鼠标点击运行这段代码，把角色移动到舞台的中央。这样画的时候，平台就会在正确的位置上。

创建一个新消息"准备"，以后每次游戏重新开始的时候，我们都会用到它

这个指令块改变了彩色的背景

当接收到 准备 ▼

换成 关卡 背景

移到 x: ⓪ y: ⓪

换成 关卡 造型

这个指令块改变了平台

33 先选中平台角色，然后点击造型标签，使用造型菜单中的"绘制"图标，创建 3 个新造型。删除测试用的平台造型。然后，用矩形工具开始绘制每一道关卡的平台。图片绘制尽量和前几页保持一致。不用担心画得不够完美，以后还有机会修改。

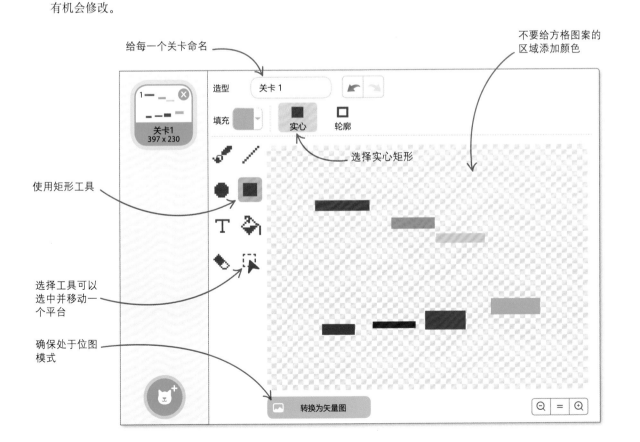

给每一个关卡命名

不要给方格图案的区域添加颜色

造型　关卡 1

填充　实心　轮廓

选择实心矩形

使用矩形工具

关卡1
397 x 230

选择工具可以选中并移动一个平台

确保处于位图模式

转换为矢量图

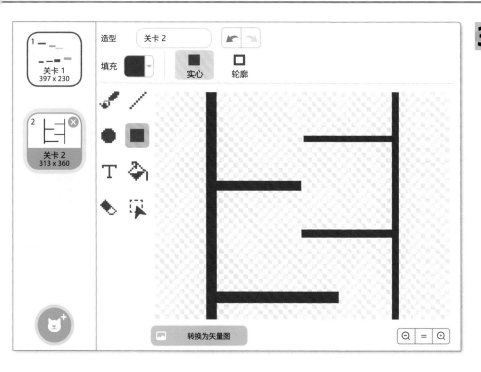

请确保 3 个造型以正确的顺序排列，
你可以用拖拽的方式调整它们的顺序

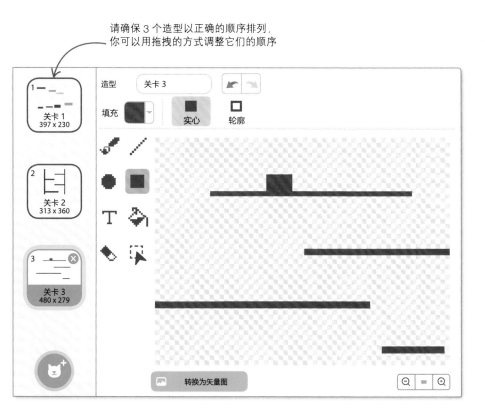

34 要给背景添加颜色的话，选择角色列表右侧的舞台背景菜单，点击"绘制"图标。确认选择了位图模式，使用填充工具在绘图区域涂上颜色。接着，删除"Xy-gird"再点击"绘制"，画一个新背景，用另一种颜色填充。重复上述步骤，绘制第 3 个背景。

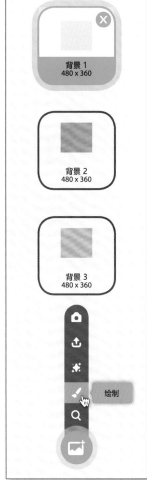

创建一个游戏控制角色

你需要创建一段代码，能让关卡发生变化，并且在每一关开始的时候为每个物体设置开始位置。把这段代码放在一个单独的角色中是不错的主意。

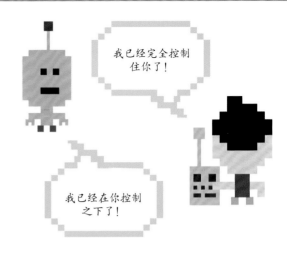

35 创建两个变量："骨头"（计算每一关剩下的骨头数量）"关卡结束"（显示玩家什么时候完成了当前关卡）。不要勾选变量前面的小方框。在角色菜单中，点击"绘制"图标，把新角色命名为"游戏控制"。添加如下代码。这是一段在每一关都会重复的循环。你还需要创建两个新消息："开始"和"胜利"。

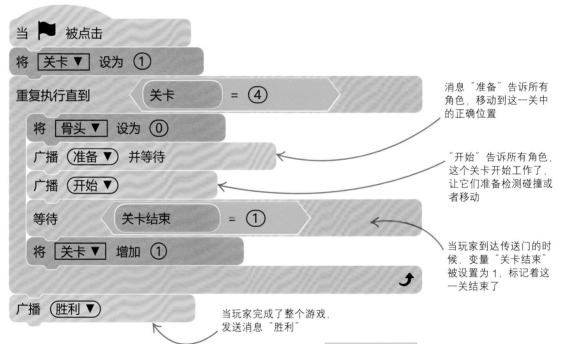

消息"准备"告诉所有角色，移动到这一关中的正确位置

"开始"告诉所有角色，这个关卡开始工作了，让它们准备检测碰撞或者移动

当玩家到达传送门的时候，变量"关卡结束"被设置为1，标记着这一关结束了

当玩家完成了整个游戏，发送消息"胜利"

△它如何工作？

对于游戏中的每一关，这段代码都先运行一圈循环中的指令，再执行下一个指令块，广播一个"胜利"的消息，通知玩家已经胜利了。首先广播的消息是"准备"，在每一关开始的时候，它会让角色和背景在规定的位置做好准备。这个广播指令会一直等到所有接收消息的代码完成准备任务，才继续向下执行。接着，"开始"消息发出了。它会触发每一关中所有的工作代码，让角色移动，检测碰撞的发生。

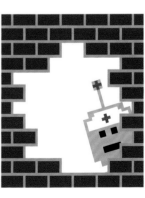

36 修改玩家方块的主代码，让它可以被游戏控制角色的"开始"消息激活。

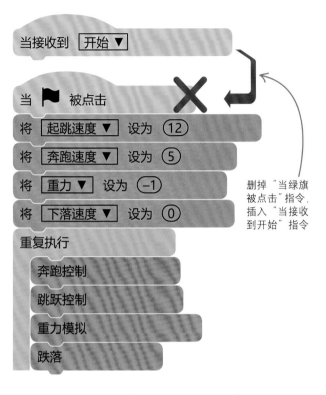

删掉"当绿旗被点击"指令，插入"当接收到开始"指令

37 选中玩家方块角色，添加如下代码，它能在收到"准备"消息时为每一关设定开始位置。代码开始时，把角色设定为完全的虚像，这样你就只能看见小狗，看不到红色方块了。虚像和隐藏不同，因为在虚像状态下碰撞还是会发生，这正是我们希望的效果。

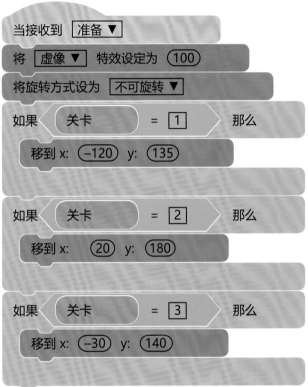

38 你也需要修改 Dog2 的代码，让它可以被"开始"消息激活。

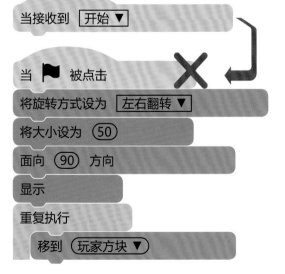

安放传送门

你的游戏需要一扇传送门，这样玩家才可以升级关卡。传送门就像是一扇大门，当玩家完成任务后，大门就会打开。

这是通往下一关的传送门吗？

不，这是通往隔壁房间的门。

39 试着再次运行整个作品。你应该可以奔跑，并且跳上第一关的平台，但是到目前为止，你找不到进入第二关的路。点击"选择一个角色"，把"Button1"添加到游戏中，并重命名为"传送门"。

40 传送门需要一段接收"准备"消息的代码，设定好传送门在每一关的正确位置，并且让它在打开之前看起来是半透明的。

因为骨头还没有全部收集完毕，所以"关卡结束"的值被设定为0

```
当接收到 准备 ▼
将 关卡结束 ▼ 设为 0
将 虚像 ▼ 特效设定为 50
将 颜色 ▼ 特效设定为 0
如果  关卡 = 1  那么
    移到 x: 200 y: -40

如果  关卡 = 2  那么
    移到 x: 100 y: -150

如果  关卡 = 3  那么
    移到 x: 175 y: -125
```

"虚像"指令让传送门呈现微微透明

"将颜色特效设定为0"，这个指令意味着每一关开始时，传送门显示为自身正常的绿色

骨头？我更想要一些鱼！

每一关中，"移到"指令设定传送门在舞台上的位置

41 传送门的第二段代码会一直等待，直到骨头收集完毕，然后当角色碰到传送门的时候，它就会通过改变颜色来打开大门。我们还没有给游戏添加骨头，所以传送门会立刻打开。你应该可以闯过所有关卡，如果不能，回到之前的步骤仔细检查。

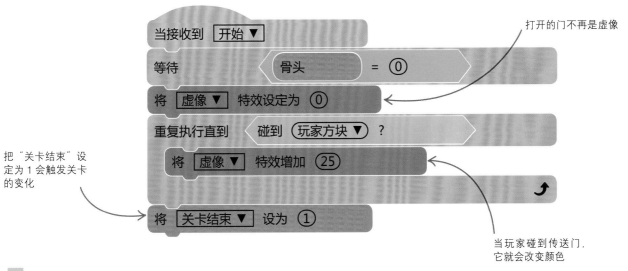

打开的门不再是虚像

```
当接收到 [开始 ▼]
等待  (骨头 = 0)
将 [虚像 ▼] 特效设定为 (0)
重复执行直到 (碰到 [玩家方块 ▼] ?)
    将 [虚像 ▼] 特效增加 (25)
将 [关卡结束 ▼] 设为 (1)
```

把"关卡结束"设定为1会触发关卡的变化

当玩家碰到传送门，它就会改变颜色

术语

旗标

"关卡结束"是一个变量，传送门角色用它来告诉游戏控制角色何时完成关卡。（还记得游戏控制角色中那个循环的"重复执行直到……"指令块吗？它让代码一直等待，直到切换到新关卡。）"关卡结束"变量可以让程序的不同部分互相通信。程序员把这样的变量叫作"旗标"，当然，它也可以用消息来代替。

当"关卡结束"变量被设置为0（关卡还没有结束），我们说旗标未被设置。当"关卡结束"变量是1（玩家已经到达打开的传送门），我们说旗标已被设置。消息只能启动代码，但是你可以在某个事件发生的时候，使用旗标变量中止一个正在运行的代码。在游戏控制角色的循环中，"重复执行直到……"指令会暂停，直到旗标等于1。

旗标未设置
关卡结束 = 0

旗标设置
关卡结束 = 1

给小狗准备的骨头

如果仅仅是跑步通过各个关卡，别的什么事都不做，那就少了点趣味性。增加一些骨头吧，小狗要打开传送门，必须收集完所有的骨头。毕竟，它也有点饿了！

42 创建一个新角色，画一根和小狗一样大的骨头。使用画笔工具画出黑色的轮廓，然后用填充工具给里面涂上白色。给它起名为"骨头1"，确保你选择了位图模式。

骨头1

43 给骨头1添加右侧的代码，它会在每一关开始设定骨头的位置。x、y坐标会决定游戏中骨头出现的位置。骨头位置可能和你的平台设计不完全匹配，但目前这样也没什么问题。

骨头1

当接收到 准备 ▼

将 骨头 ▼ 增加 ①

如果 关卡 = ① 那么
　移到 x: -175 y: -95

如果 关卡 = ② 那么
　移到 x: -30 y: -110

如果 关卡 = ③ 那么
　移到 x: -150 y: -65

显示

当每一根骨头设定自己的位置时，给"骨头"计数器增加1

"如果……那么……"指令块为每一个关卡设定骨头1的位置

你可以在以后调整骨头的位置

有些家伙总是想把骨头藏起来！

当接收到 开始 ▼

等待 碰到 玩家方块 ▼ ?

隐藏

将 骨头 ▼ 增加 -1

播放声音 Dog1 ▼

在小狗碰到骨头之前，这段代码什么也不会做

需要收集的骨头数量减少1

44 给骨头1添加左侧的代码，它会在小狗收集到骨头以后隐藏起来，同时更新"骨头"计数器。为这个角色添加"Dog1"音效，这样当小狗得到一根骨头，就会发出开心的"汪汪"声。运行这个作品。到目前为止，你应该只能在收集到这根骨头后才可以打开传送门。

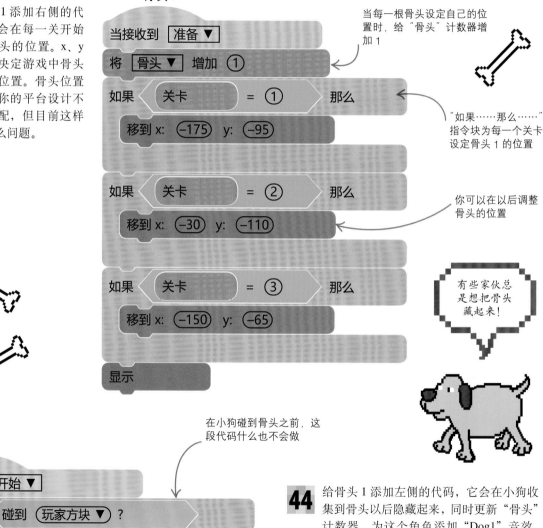

45 游戏需要更多的骨头，所以用鼠标右键点击骨头 1 角色，然后选择"复制"。像这样做两次，你会得到 3 个骨头角色。

它们都很相像！

46 你需要修改骨头 2、骨头 3 的代码，这样在每一关里面，它们都会出现在和骨头 1 不同的位置上。按照图示，修改"移到"指令中的数字。

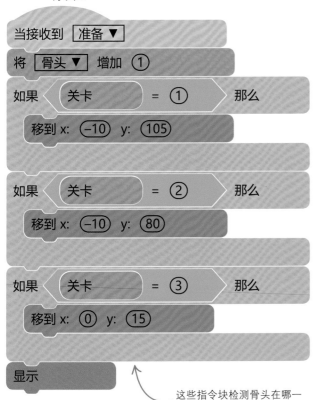

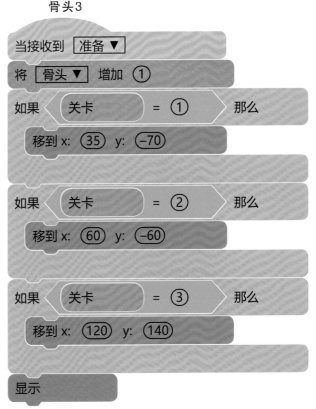

这些指令块检测骨头在哪一关，然后设定它们在舞台上的位置

47 骨头的代码自动管理每一关的骨头数量。运行作品，你会发现，在集齐 3 根骨头之前，传送门不会打开。

垃圾食品

现在小狗只需要吃骨头，任务轻松愉悦。我们添加一些障碍物和危险品，让游戏变得更难一点。首先，加几个飞行的甜甜圈吧。

48 进入角色库，选中"Donut"，把它添加到游戏中，并改名为"甜甜圈"。

添加这个甜甜圈角色

49 现在添加"准备"代码，在每一关都把它缩小一半，并设定它的位置。

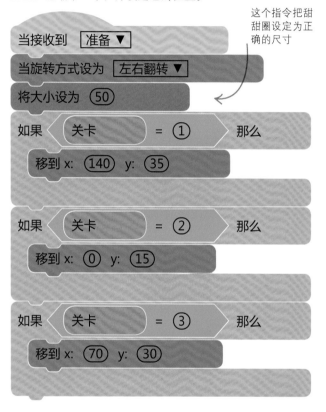

这个指令把甜甜圈设定为正确的尺寸

```
当接收到  准备 ▼

当旋转方式设为  左右翻转 ▼

将大小设为  50

如果  关卡  =  ①  那么
    移到 x: 140  y: 35

如果  关卡  =  ②  那么
    移到 x: 0  y: 15

如果  关卡  =  ③  那么
    移到 x: 70  y: 30
```

50 下一步，添加这段"开始"代码，让甜甜圈左右巡逻。

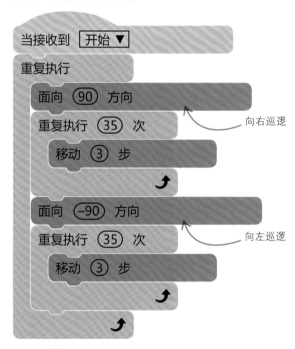

```
当接收到  开始 ▼

重复执行
    面向  90  方向
    重复执行  35  次
        移动  3  步

    面向  -90  方向
    重复执行  35  次
        移动  3  步
```

向右巡逻

向左巡逻

51 添加最后一段代码，它能检测和玩家方块的碰撞，然后终止游戏。垃圾食品实在是有害啊！

```
当接收到  开始 ▼

等待直到  碰到 玩家方块 ▼  ?

广播  游戏结束 ▼
```

52 现在运行游戏，尽量绕过甜甜圈。如果碰到甜甜圈，小狗会停下并吠叫。

啊！垃圾食品！

危险的零食

除了飞行的甜甜圈，每一关中还有很多其他固定的陷阱。为了方便设置，所有的危险品可以用同一个角色，只是这个角色拥有 3 个不同的造型，即每一关用一个造型。

如果小狗碰到了一个危险品，那么这段代码就会终止游戏

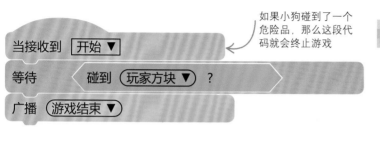

53 创建一个新的空白角色，命名为"危险品"，再加入如上、如左两段代码。"准备"代码为每一关选择对应的造型，然后把它定位到舞台的中央（就像平台角色一样）。在你开始设计它的造型之前，点击运行"准备"代码，把角色移到舞台中央。

54 你需要为危险品角色设计 3 个造型。点击"选择一个新造型"图标，把"Cheesy-Puffs"添加进来作为第一个造型。然后再点击两次"Cake-a"作为第二、第三个造型。从造型清单中删除"造型1"。使用选择工具把所有造型都缩小，并放到如图位置。你也可以稍后再调整它们的位置。

在第一关中，使用一碗奶酪泡芙

大多数造型都有一个方格图案的透明底色

在第二关中，使用两个蛋糕

在第三关中，使用一个蛋糕

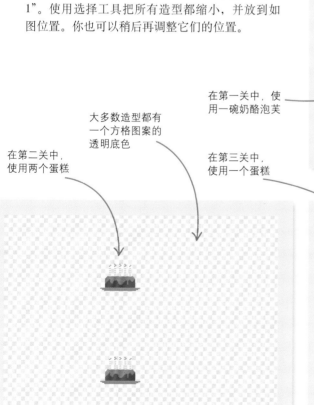

优化调整

游戏中的平台、传送门、骨头和危险品现在还没有在完全合适的位置上，运行游戏看看它能否正常运作。你也许会发现某些角色没有放置在正确的地方。如果游戏显得有点奇怪或者小狗被粘住了，你就需要优化关卡。下面的小贴士，对于你设计新的关卡很有帮助。

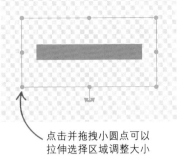

点击并拖拽小圆点可以拉伸选择区域调整大小

55 大多数问题可以通过调整平台的大小和位置来解决。选择平台角色，然后点击造型标签。在绘图编辑器中，使用选择工具对各关卡的平台进行移动、拉伸、调整大小。点击选择框的外部，你的修改结果就会显示在舞台上。调整第一个关卡的平台，让它和第 145 页的图片一致。

点击并拖动选择区内部可以移动平台

56 用同样的方法调整、优化危险品的位置。在角色列表中选择"危险品"，然后点击造型标签。使用选择工具调整第一个造型奶酪泡芙的位置。（这个造型会出现在第一关中。）在选择区外点击一下，修改结果就会出现在舞台上。

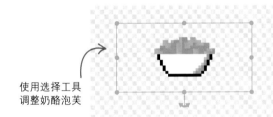

使用选择工具调整奶酪泡芙

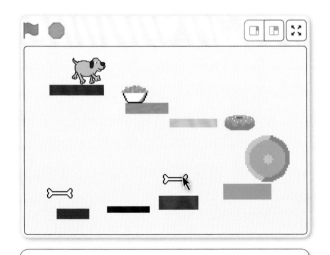

57 你可以通过 x、y 坐标调整其他每个角色的位置。在舞台上选中一个角色，然后把它拖到你想放置的地方。在角色信息栏看一下它的 x、y 坐标。把这些数字填写到角色第一关的"移到"指令中。

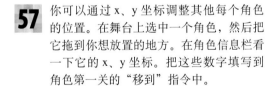

角色	角色 1	↔ x	35	↕ y	-70
显示	👁 ⦸	大小	100	方向	90

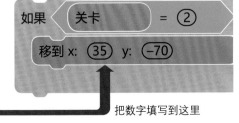

如果 〈 关卡 = ② 〉

移到 x: 35 y: -70

把数字填写到这里

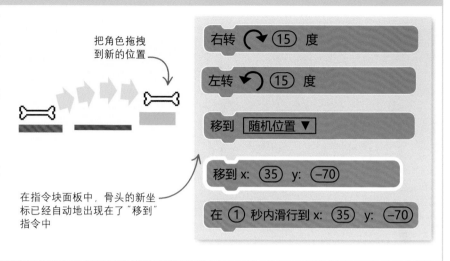

专家提示

移到指令的窍门

想要重新定位一个角色，有一个小窍门。首先，把角色拖拽到你想放的位置，然后到代码标签下"运动"组内，看一下那个尚未使用的"移到"指令。角色的坐标会自动出现在这个指令中。现在，你只需把这个指令块拖拽到代码中，不需要输入任何数字。这太容易了！

把角色拖拽到新的位置

在指令块面板中，骨头的新坐标已经自动地出现在了"移到"指令中

58 如果想要移动滑行的甜甜圈，记住"移到"指令会设置它的开始位置。但要改变它的滑动距离，你需要调整两个"重复执行 ×× 次"中的数字，分别控制它向右、向左滑动的距离。

59 目前关卡 1 应该可以完美地工作了。要调整另一道关卡和它的角色，你可以临时修改一下游戏控制角色，把"关卡设定"的值改成 2。运行游戏，这时关卡 2 会出现在舞台上，开始调整这一关的角色位置吧。但是，一定要记得在完成优化后，把"关卡设定"的值改回 1。

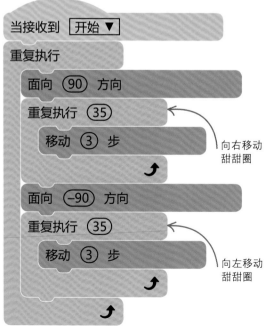

向右移动甜甜圈

向左移动甜甜圈

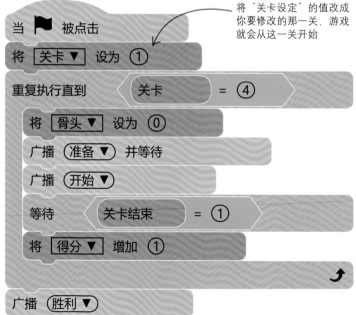

将"关卡设定"的值改成你要修改的那一关，游戏就会从这一关开始

提示和音乐

为玩家提供游戏指南和其他一些提示信息，让游戏变得更完整吧。你还可以为游戏添加一些音乐，让它变得更生动、有趣。

61 当提示角色接收到一个消息时，为了向玩家显示正确的提示信息，请添加如下 3 段代码。运行作品，检查不同情况下，提示信息是否正确显示。

```
当 ▶ 被点击
换成 游戏指南 ▼ 造型
移到 x: 0 y: 0
移到最 前面 ▼
显示
等待 碰到 玩家方块 ▼ ?
隐藏
```

↖ 当玩家角色碰到它们，游戏指南就消失了

```
当接收到 胜利 ▼
换成 胜利 ▼ 造型
移到最 前面 ▼
显示
```

```
当接收到 游戏结束 ▼
换成 失败 ▼ 造型
移到最 前面 ▼
显示
```

60 为了给玩家一些游戏说明和其他提示信息，点击角色菜单中的"绘制"图标，把新角色命名为"提示"。然后在造型菜单中选择"绘制"图标，给提示角色增加如下造型，分别命名为"游戏指南""胜利""失败"。

游戏指南

小狗的晚餐	移动：方向键 跳跃：空格键
收集完所有的骨头，通往下一关的传送门就会自动打开。	小狗不喜欢垃圾食品！

胜利

你赢了!

失败

哇啊啊!
垃圾食品!

62 检查游戏指南的文字位置。调整文字的位置，别让它们和舞台上的其他图片重叠。

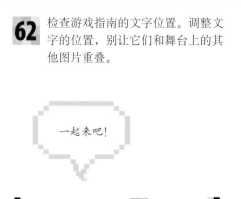

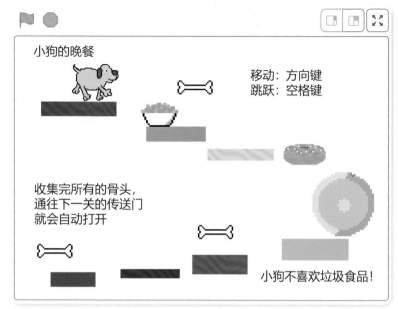

63 你可以为每一关设置特定的音乐。选择游戏控制角色，从 Scratch 的声音库中添加音乐："Xylo2""Xylo3""Xylo4"。当你每次切换关卡时，如下代码会自动更换音乐。

第一条"重复执行直到……"指令会一直播放"Xylo2"直到玩家到达第二关

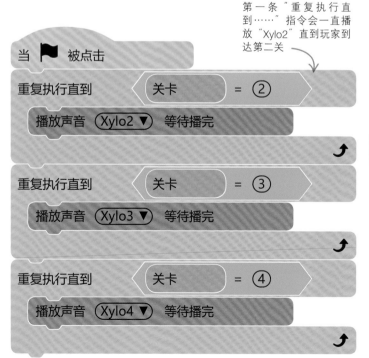

64 在游戏控制角色中添加如下代码，把声音"Space Ripple"添加进来。当每个新关卡开始时切换音乐，通过一个特殊的音效，提示玩家新的一关开始了。

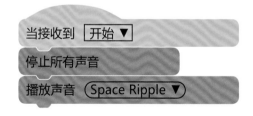

65 从声音库中添加"Triumph"音效，添加如下代码，小狗会在完成最终关卡的时候播放一段胜利的音效。运行游戏。检查在每一关之间音乐是否改变，每一关开始和游戏最终结束时，音效是否出现。

修正与微调

恭喜，你的平台游戏已经完成并且可以运行了！测试一下，邀请朋友们来玩吧。也许你还需要调整角色的位置，修改一下平台和危险品，让游戏玩起来更顺畅，让关卡的难度恰到好处。

专家提示

备份

在开始修改游戏之前，用另一个名字备份一份游戏。如果做了备份，当你在调整代码时发生了错误的操作，也可以回到原来的版本。要使用在线版Scratch编辑器保存备份，请选择文件菜单，然后点击"保存副本"。

▽胜利之舞

如果你认为游戏的结尾不够令人兴奋，那就修改一下"胜利"消息激活的代码，让它做一些更炫的事情。也许可以让小狗来一段胜利之舞？当小狗跌落平台，游戏结束的时候为什么不能有一个新的提示信息呢？你也可以让小狗消失！

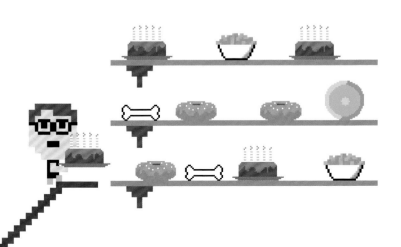

◁额外的关卡

想让游戏的时间更长一些，你可以创建额外的关卡。你要给平台和危险品角色更多的造型，还要编辑代码，增加"如果关卡 = x"的指令块，在每一关开始的时候去放置骨头、传送门和甜甜圈。别忘了去修改游戏控制角色中循环内的"关卡 =4"指令块，以便让游戏在玩家完成所有新关卡之后再结束。

▷巨大的挑战

你知道如何为小狗设置次数有限的生命吗？你需要添加一个名为"生命值"的新变量，还需要重新编写"游戏结束"消息的所有程序，每次从变量中减去 1 直到最后一条命，以及修改游戏控制角色的循环指令。这是一个专家级的编程挑战，需要清晰的思路和耐心的工作。

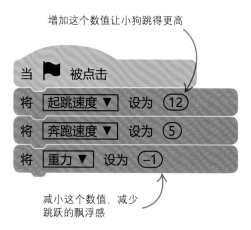

增加这个数值让小狗跳得更高

减小这个数值，减少跳跃的飘浮感

◁调整跳跃

玩家必须能完全控制小狗的跳跃。你可以增加变量"起跳速度"的值，让它跳得更高；也可以改变"重力"的值，从而调整每一次跳跃的飘浮感。尝试增加一个反重力的特殊关卡？重力会把小狗向上推，而不是向下拉，你需要为这个关卡增加一个"如果……那么……"指令块，设置跳跃的变量，还需要检测何时小狗从这个关卡的上方掉出去了！

▪▪ 游戏设计

设计关卡

如何把一个关卡内的挑战和奖励恰当地融合在一起？这需要极其精巧的设计。你要规划好每一个细节，确保自己能完成所有关卡，再找一个朋友来试玩，看看会不会太容易或者太难。

时间 你设置的危险品是不是移动得太快了，以至于玩家无法躲开它们，又或者太慢了，显得毫无挑战性？调整它们的速度，直到你觉得玩起来很过瘾。

空间 玩家是否能轻松地从一个平台跳到另一个平台？也许太容易了？让平台之间的空隙大一点或者小一点，以匹配你设计的关卡。

陷阱 试着在一个关卡里用看起来很明显的路径愚弄一下玩家，最后发现这只是一个陷阱！正确的路径应该是较容易走，但不是那么明显！

工具 计算机游戏经常会在游戏结束后为玩家提供一个关卡设计工具。你可以使用这些工具在游戏中创建自己设计的挑战或者谜题，通常还可以在网上分享定制的关卡，让其他人来破解。

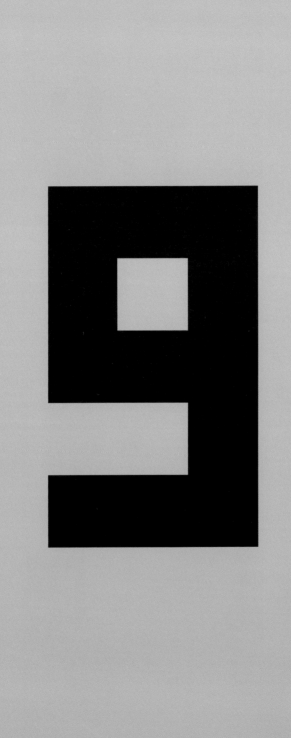

冰河竞速

如何制作"冰河竞速"

冰河竞速是一个双人游戏，在游戏中玩家沿着屏幕向上行驶，急转弯绕过各种障碍物，在行进中收集宝石。这个比赛没有终点线，当游戏时间结束时，收集宝石最多的人获胜。

游戏的目标

游戏中，红色汽车和蓝色汽车一起和时间赛跑。在倒计时器结束前，获得比对手多的宝石就胜利了！每次玩家得到一颗宝石都会获得额外的一秒钟时间，但是要小心避开雪堆，否则会被撞晕，并且结束游戏。

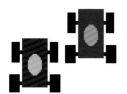

◁汽车

操控汽车，保持在冰面上行驶，同时收集宝石。你可以把其他车撞出路面以获得领先。

◁障碍物

躲开巨大的雪球和公路的边缘，否则你会被撞晕，失去控制。

◁企鹅

企鹅是游戏的主持人。在游戏开始时，它询问玩家的姓名，介绍游戏规则。在游戏结束时，它宣布获胜者！

获得宝石多的玩家赢得比赛

马克的宝石数：20

劳拉的宝石数：13

红色汽车从左边发车，用 W、A、S、D 键控制

收集一颗宝石可以得一分，并且倒计时器延长一秒，这样你就可以多跑一会儿

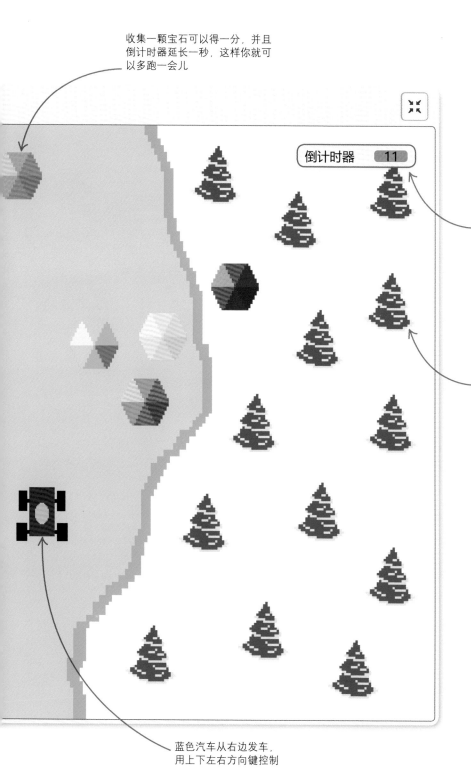

倒计时器 `11`

游戏控制

用方向键和W、A、S、D键来控制游戏。

倒计时器从 20 秒开始，当它到达 0 的时候游戏结束

当两辆汽车竞速时，雪山和树木飞快闪过

◁**寒冷的冒险**

这个竞速游戏很有趣，你可以和一个对手一起玩！向好朋友或者家庭成员发起挑战吧，看看谁能收集到最多的宝石。

但愿最好的司机获胜！

蓝色汽车从右边发车，用上下左右方向键控制

游戏循环

快速竞技类游戏需要聪明的代码。这个游戏使用某种叫作"游戏循环"的功能，让每个动作都在应该发生的时候发生。这就像游戏循环在敲一个鼓，每敲一次所有的角色都走一步。我们先创建一个空白的角色用来存放游戏循环的代码。

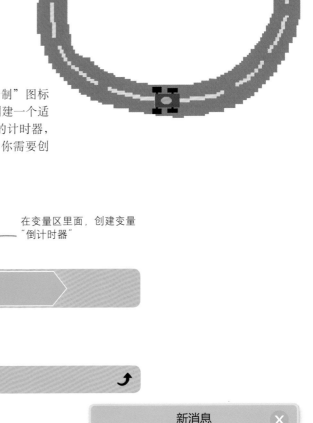

1 新建一个作品，删除小猫角色。点击角色菜单中的"绘制"图标创建一个空白的角色，把它命名为"游戏循环"。然后创建一个适用于所有角色的变量，命名为"倒计时器"，作为游戏的计时器，让它显示在舞台上。编写如下代码，让游戏循环起来。你需要创建这几条消息："准备""计算""移动"和"游戏结束"。

```
当 🏁 被点击

广播 (准备 ▼) 并等待

重复执行直到  ( (倒计时器) < (1) )
    广播 (计算 ▼) 并等待
    广播 (移动 ▼) 并等待
    ↻

广播 (游戏结束 ▼)
```

> 在变量区里面，创建变量"倒计时器"

```
广播 (消息 1 ▼)
    ✓ 新消息
      消息 1
```

> 使用"广播"指令块来创建代码所需的消息

新消息

新消息名称：

| 准备 |

> 在这里给消息命名

取消　确定

△它如何工作？

当作品开始运行，这段代码先发出一个"准备"消息，告诉所有角色为游戏做好准备。当所有角色都准备就绪后，游戏循环就开始了。这个循环发出各种消息告诉游戏中的每一个角色，何时该执行哪一段代码。只有在倒计时器走到 0 的时候，游戏循环才会结束，在那个时间点，"游戏结束"的消息被发送给所有角色，让它们执行最后的收尾工作，然后宣布胜利者！

游戏结束!　马克赢了!

游戏循环

使用一个游戏循环让每件事都能保持
同步，这是游戏设计中的常见做法。
这个循环让所有角色步调一致，让代
码整洁、简短，还能让游戏运行得更
快。在"冰河竞速"中，游戏循环每
秒钟运行 30 圈。在 Scratch 中，如果
游戏中每个角色都有自己的循环，程
序会变得很慢，因为计算机需要在各
个循环之间来回跳转。我们可以用单
一的游戏循环来修正错误，但是一定
要小心不要在别的地方使用循环，因
为那些循环会让游戏变慢。

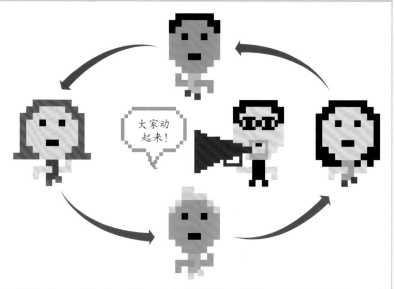

大家动
起来！

2 创建两个变量："公路 Y"（保存 Y 坐标，用它来定位
移动场景）和"车速"（用来设置汽车可以在舞台上移
动得多快）。不要勾选变量前的小方框，这样它们就不
会出现在舞台上。添加右侧的代码，在游戏开始时设
置好变量的值。

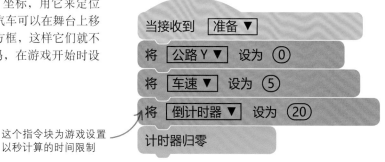

```
当接收到  准备 ▼

将  公路 Y ▼  设为  0

将  车速 ▼  设为  5

将  倒计时器 ▼  设为  20

计时器归零
```

这个指令块为游戏设置
以秒计算的时间限制

3 创建另一个适用于所有角色
的变量"公路速度"，用它
来保存移动场景的运动速
度，不要勾选变量前的小方
框。然后创建一段代码，在
每次游戏循环的时候计算公
路的位置。当你创建了公路
角色以后，就会明白它是如
何工作的。

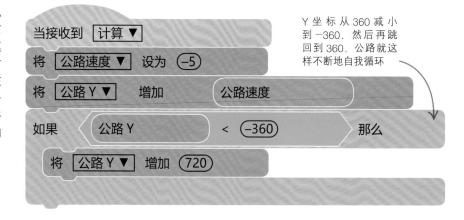

```
当接收到  计算 ▼

将  公路速度 ▼  设为  -5

将  公路 Y ▼  增加  公路速度

如果  公路 Y  <  -360  那么

    将  公路 Y ▼  增加  720
```

Y 坐标从 360 减小
到 -360，然后再跳
回到 360，公路就这
样不断地自我循环

滚动的公路

在"冰河竞速"游戏中，玩家感觉自己在公路上快速地移动，但实际上并不是他们的汽车在舞台上快速移动，而是公路在移动。公路是由公路 1 和公路 2 两个角色组成的，它们无缝地拼接在一起。这两个公路角色在舞台上轮流向下滚动，让汽车显得比它真实的移动速度快得多。

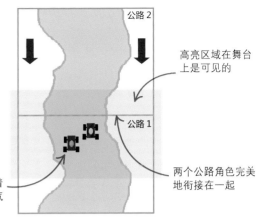

公路 2

高亮区域在舞台上是可见的

公路 1

两个公路角色完美地衔接在一起

当公路 1 和公路 2 向着舞台下方移动，这些汽车看起来在向前移动

4 创建一个新角色，命名为"公路 1"。在绘图编辑器中，选择画笔工具，线条粗细为 10。画出公路的边缘，确保边缘从上到下没有空隙。然后使用填充工具，把公路两边的区域涂上白色，创造出雪景的感觉。

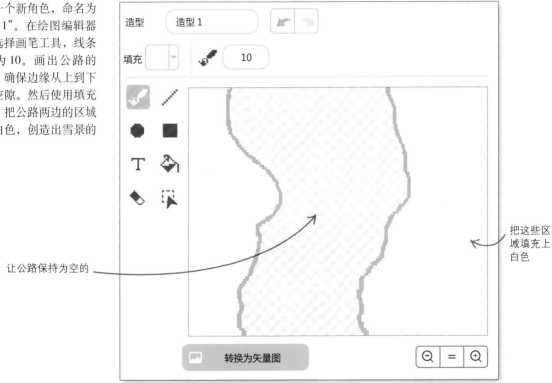

造型　造型 1

填充　　　　10

让公路保持为空的

把这些区域填充上白色

转换为矢量图

5 现在复制公路 1 角色，创建一个新的公路 2 角色，然后点击"造型"标签。在矢量图模式下点击"选择"的箭头按钮，再点击绘图编辑器右上角的"垂直翻转"，公路造型会上下倒过来。公路 1 和公路 2 搭配在一起好像镜像一样。它们现在在舞台上看起来有一点古怪，稍后我们会解决这个问题。

角色　公路 2

显示　👁 ⊘　大小　100

公路 1　公路 2

使用这个工具，让造型垂直翻转

6 在公路 1 中添加代码，让公路移动起来。在游戏循环中，它用变量"公路 Y"来定位公路。试着运行作品，半幅公路图片会向下滚动。

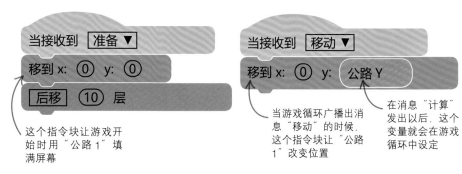

当接收到 准备 ▼
移到 x: ⓪ y: ⓪
后移 ⑩ 层

这个指令块让游戏开始时用"公路 1"填满屏幕

当接收到 移动 ▼
移到 x: ⓪ y: 公路 Y

当游戏循环广播出消息"移动"的时候，这个指令块让"公路 1"改变位置

在消息"计算"发出以后，这个变量就会在游戏循环中设定

7 现在为公路 2 创建下面的代码，让第二个公路角色和第一个一起工作。运行作品，公路应该会平滑地向屏幕下方滚动。

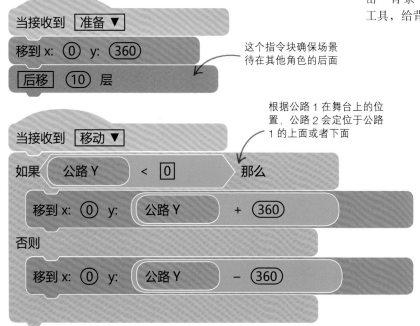

当接收到 准备 ▼
移到 x: ⓪ y: ㉛⓪
后移 ⑩ 层

这个指令块确保场景待在其他角色的后面

当接收到 移动 ▼
如果 公路 Y < ⓪ 那么
移到 x: ⓪ y: 公路 Y + ㉛⓪
否则
移到 x: ⓪ y: 公路 Y − ㉛⓪

根据公路 1 在舞台上的位置，公路 2 会定位于公路 1 的上面或者下面

8 为了给公路涂上颜色，我们会直接在背景上而不是在角色上涂色，否则汽车会和路面发生碰撞。选择舞台，点击"背景"标签。使用填充工具，给背景涂上冰蓝色。

背景1
480 x 360

••• 术语

滚动

我们把屏幕上的每一个东西朝着同一个方向移动叫作滚动。在"冰河竞速"中，公路向下滚动。你也许听说过一种"侧滚"类型的游戏，它会在玩家移动角色的时候，让屏幕左右移动。

9 给场景加上一些树，让游戏更生动、有趣。选择公路 1，点击造型标签，用绘图编辑器里的工具创作你自己喜欢的树或灌木丛。对公路 2 重复上述操作。

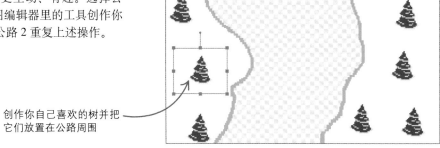

创作你自己喜欢的树并把它们放置在公路周围

赛车

现在到添加赛车的时候了。当你让一辆汽车移动起来以后，就可以复制它，方便地做出第二辆，这能节约大量的工作时间。

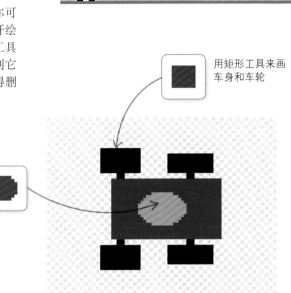

10 点击"选择一个角色"，从角色库中选择"Cat"，你可以以这个角色的大小为参照调整汽车尺寸。现在打开绘图编辑器，切换到位图模式。使用矩形工具和圆形工具画一辆和图中一样的汽车。一定要让车头向右，否则它会在游戏中面向一个错误的方向。画完汽车后，记得删除小猫。

用矩形工具来画车身和车轮

让你的汽车比小猫稍微大一点，下一个代码还会把它缩小的

用圆形工具来画一个椭圆形

11 在角色列表中，把角色的名字改为"红色汽车"。然后，创建一个新变量"旋转"，稍后我们会用它来表示什么时候汽车处于旋转状态。注意，对于这个变量，我们要选择"仅适用于当前角色"选项，不要勾选变量前的小方框，别让它出现在舞台上。

新建变量

新建变量名：

旋转

○ 适用于所有角色　● 仅适用于当前角色

确保选择这个选项

取消　确定

12 记住，在这个作品中，只有当接收到来自游戏循环的消息以后，角色才能运行它的代码。添加如下代码，在游戏开始的时候，为红色汽车做好设置。

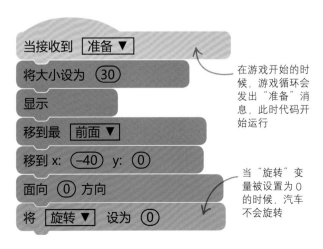

在游戏开始的时候，游戏循环会发出"准备"消息，此时代码开始运行

当"旋转"变量被设置为0的时候，汽车不会旋转

13 现在你需要为汽车加入键盘控制。在指令块面板中选择"自制积木"，然后点击"制作新的积木"，创建一个叫作"汽车控制"的新指令块，然后把下面这段代码添加到它的定义之下。

制作新的积木

汽车控制

定义 汽车控制

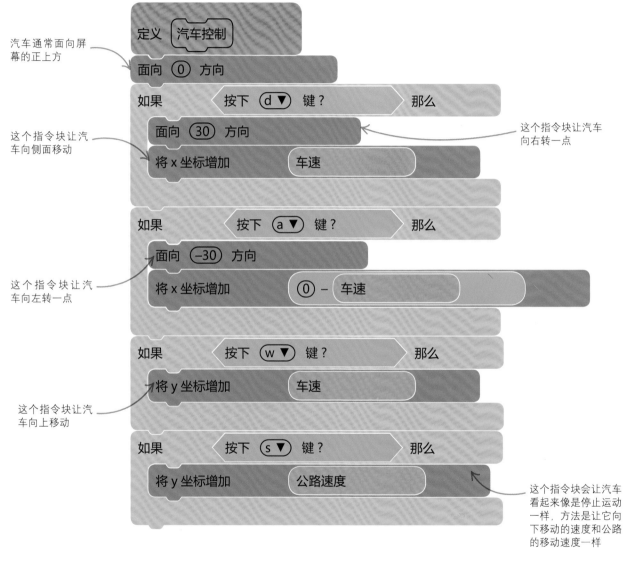

汽车通常面向屏幕的正上方

定义 汽车控制

面向 ⓪ 方向

如果 按下 d ▼ 键？ 那么

面向 ㉚ 方向

这个指令块让汽车向右转一点

将 x 坐标增加 车速

这个指令块让汽车向侧面移动

如果 按下 a ▼ 键？ 那么

面向 -30 方向

将 x 坐标增加 ⓪ - 车速

这个指令块让汽车向左转一点

如果 按下 w ▼ 键？ 那么

将 y 坐标增加 车速

这个指令块让汽车向上移动

如果 按下 s ▼ 键？ 那么

将 y 坐标增加 公路速度

这个指令块会让汽车看起来像是停止运动一样，方法是让它向下移动的速度和公路的移动速度一样

14 添加一段代码，当它接收到来自游戏循环的"移动"消息后，立刻运行"汽车控制"的指令块。运行作品，现在你能用 W、A、S、D 键控制红色汽车的方向，让它沿着公路前进。

当接收到 移动 ▼

汽车控制

每一秒钟，游戏循环都会发出很多的"移动"消息

碰撞和旋转

为了让游戏更具挑战性，你可以要求玩家躲避雪堆。如果撞到雪堆，汽车就会失去控制，原地打转。为了实现这个功能，我们需要创建几个新的指令模块。

开霸王车！

15 选中红色汽车，创建一个新指令块去检测雪堆。在指令块面板中，选择"自制积木"，然后点击"制作新的积木"，将新指令块命名为"碰撞检测"，然后创建如下代码。

"碰到"指令仅仅检测公路角色的涂色部分，而不是公路本身

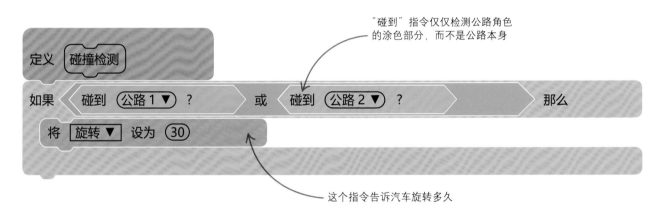

```
定义  碰撞检测

如果  < 碰到 (公路1▼)? >  或  < 碰到 (公路2▼)? >  那么
    将  旋转▼  设为 (30)
```

这个指令告诉汽车旋转多久

16 现在创建另一个指令块，把它命名为"旋转"，再把右侧的代码添加进去。当汽车旋转时，就运行了旋转指令块。它让汽车转圈，同时每次把变量"旋转"的值减少1。当变量到达0的时候，旋转停止，汽车被重新放置到舞台底部。

把声音"Rattle"从声音库中添加进来，然后就能在下拉菜单中看到它了

这个指令块让舞台上的汽车向下移动，好像它原地不动一样

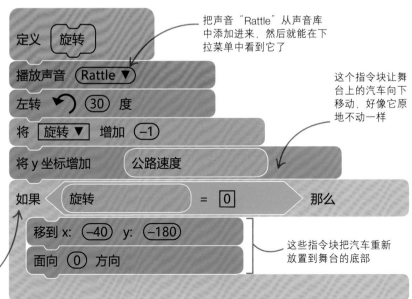

```
定义  旋转

播放声音 (Rattle▼)
左转 ↺ (30) 度
将  旋转▼  增加 (-1)
将 y 坐标增加   公路速度

如果  < 旋转 = [0] >  那么
    移到 x: (-40) y: (-180)
    面向 (0) 方向
```

这些指令块把汽车重新放置到舞台的底部

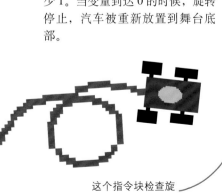

这个指令块检查旋转是否结束了

17 最后，按照右图修改一下被"移动"消息启动的那段代码。现在你只能在"旋转"变量等于0的时候控制汽车。只有当汽车不旋转的时候，碰撞检测指令才会工作，否则汽车会永远旋转。运行游戏，如果汽车撞到雪堆上，那么它就会旋转起来。

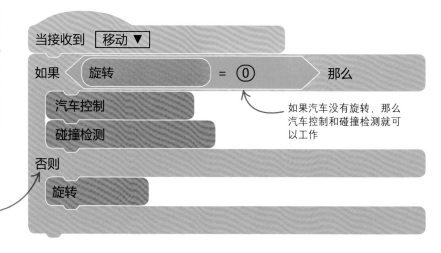

当接收到　移动 ▼

如果　旋转　＝ ⓪　那么

汽车控制

碰撞检测

否则

旋转

如果汽车没有旋转，那么汽车控制和碰撞检测就可以工作

如果变量"旋转"的值大于0，汽车开始旋转

18 现在给游戏添加一些障碍物吧！用绘图编辑器创建一个名为"雪球"的新角色，大小和舞台上的汽车差不多。为了得到正确的尺寸，当你画完以后，把它显示在舞台上仔细对比。你也可以在造型列表中看到它的尺寸，目标大小是40×40。

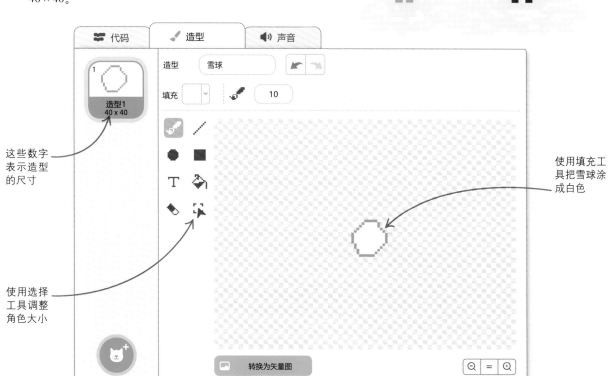

這些数字表示造型的尺寸

使用选择工具调整角色大小

使用填充工具把雪球涂成白色

19 把下面 3 段代码添加到雪球角色中。雪球角色被克隆后会生成很多障碍物，但是你会注意到这里并没有"克隆自己"的指令。克隆的任务会由游戏循环角色来完成，那些指令稍后会添加进去。

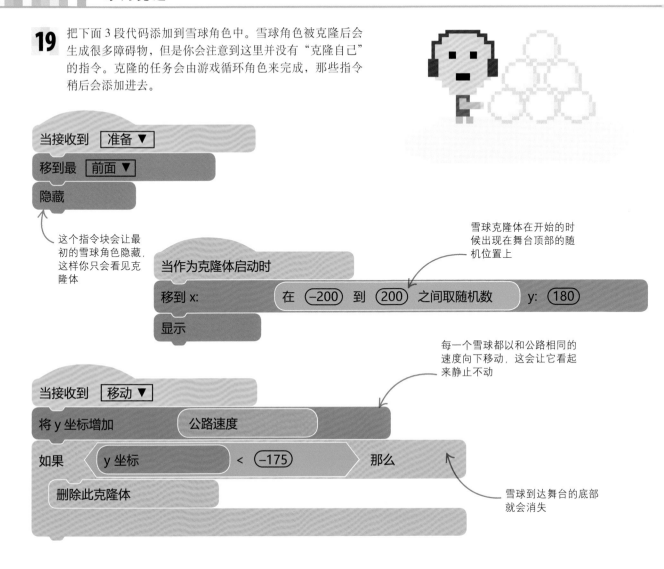

当接收到 [准备 ▼]

移到最 [前面 ▼]

隐藏

这个指令块会让最初的雪球角色隐藏，这样你只会看见克隆体

当作为克隆体启动时

移到 x: [在 (-200) 到 (200) 之间取随机数] y: (180)

显示

雪球克隆体在开始的时候出现在舞台顶部的随机位置上

当接收到 [移动 ▼]

将 y 坐标增加 [公路速度]

如果 [y 坐标] < (-175) 那么

删除此克隆体

每一个雪球都以和公路相同的速度向下移动，这会让它看起来静止不动

雪球到达舞台的底部就会消失

20 现在选择游戏循环角色，添加下面这段代码。在每一个游戏循环中，雪球有 1/200 的可能性出现在舞台上。

这个数字变大，雪球出现的概率就会变小

当接收到 [移动 ▼]

如果 [在 ① 到 (200) 之间取随机数] = ① 那么

克隆 [雪球 ▼]

21 为了让汽车在碰到一个雪球时开始旋转，我们需要把雪球加入红色汽车的碰撞检测清单里。运行这个游戏，你会发现当汽车撞到雪球，就开始旋转了。

把一个"或"指令块嵌入另一个中

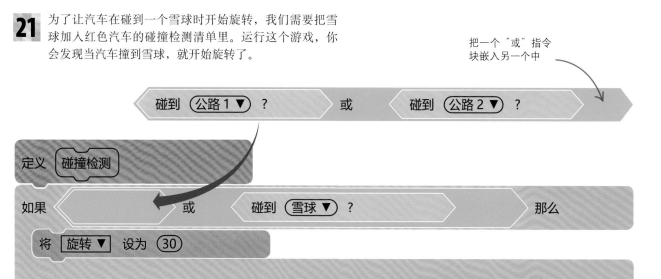

第二个玩家

现在你需要创建第二个玩家的汽车。这很容易，只需简单地复制第一辆汽车，把颜色改成蓝色，然后调整一下代码即可。

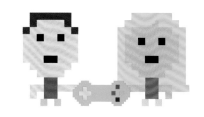

22 复制红色汽车角色，把复制品的名字改为"蓝色汽车"。注意，被复制的角色同时也复制了所有代码。这甚至包括那个"旋转"变量（把它设置为"仅适用于当前角色"），它的值可以和红色汽车不一样。

23 选择蓝色汽车角色，点击造型标签，打开绘图编辑器，在位图模式下使用填色工具把汽车的颜色改成蓝色。

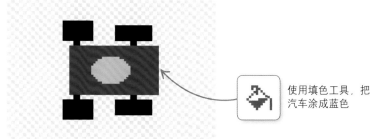

使用填色工具，把汽车涂成蓝色

24 现在选择蓝色汽车的代码标签。修改旋转自定义模块和"当接收到准备"消息的代码，把其中"移到"指令的 x 坐标改成 40。这个修改会让蓝色汽车和红色汽车在开始的时候并排放置。

把 x 坐标改为 40

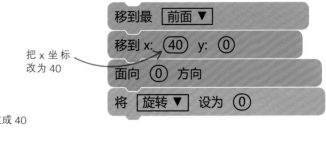

把这里的 x 坐标也改成 40

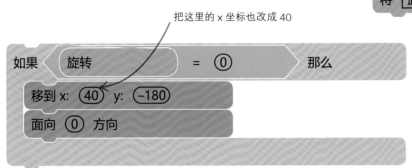

在 4 个"按下……键"的指令中，使用方向键

25 在"汽车控制"自定义模块中，修改"按下……键"的指令，以便用键盘上的方向键来控制蓝色汽车。然后，运行游戏。两辆汽车应该都可以在赛道上行驶，但是可以相互穿过。

> 如果　按下 右移 → ▼ 键?　那么
>> 面向 30 方向
>> 将 x 坐标增加　车速

> 如果　按下 左移 ← ▼ 键?　那么
>> 面向 -30 方向
>> 将 x 坐标增加　0 - 车速

> 如果　按下 上移 ↑ ▼ 键?　那么
>> 将 y 坐标增加　车速

▷修改代码

在"按下……键"的指令中，用"右移键"替换"d"，用"左移键"替换"a"，用"上移键"替换"w"，用"下移键"替换"s"

> 如果　按下 下移 ↓ ▼ 键?　那么
>> 将 y 坐标增加　公路速度

26 为了阻止汽车互相穿过对方，你需要让它们彼此感知到对方的存在，然后弹开。在红色汽车的"碰撞检测"自定义模块中，添加一个新的"如果……那么……"指令，编写如下代码。创建一个消息"弹开"，然后添加一段新代码，当接收到这个消息时，让红色汽车从蓝色汽车处弹开。

给我让路！

定义 碰撞检测

如果 碰到 公路1▼ ？ 或 碰到 公路2▼ ？ 或 碰到 雪球▼ ？ 那么
　将 旋转▼ 设为 30

如果 碰到 蓝色汽车▼ ？ 那么
　广播 弹开▼

把这些指令块添加到现存的代码中

这段新代码会让红色汽车从蓝色汽车处弹开

当接收到 弹开▼
面向 蓝色汽车▼
右转 ↻ 180 度
移动 20 步
面向 0 方向

27 现在对蓝色汽车的代码做同样的修改，以便它也能在与红色汽车接触后弹开。运行游戏，测试两辆汽车碰撞时弹开的效果。

如果 碰到 红色汽车▼ ？ 那么
　广播 弹开▼

这一次"碰到"指令检测有没有碰到红色汽车

在这里选择红色汽车

当接收到 弹开▼
面向 红色汽车▼
右转 ↻ 180 度
移动 20 步
面向 0 方向

收集宝石

下一步要创建彩色的宝石，让玩家争抢收集。每一颗宝石都是同一颗宝石角色的克隆体，这样很容易在舞台上同时放置很多宝石。

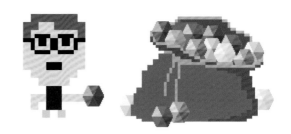

28 点击角色菜单中的"绘制"图标，用绘图编辑器创建一个新角色。画宝石的方法是用直线工具画 6 个三角形，把它们排列成一个六边形，并填充不同的绿色。调整宝石的大小至与雪球相仿。

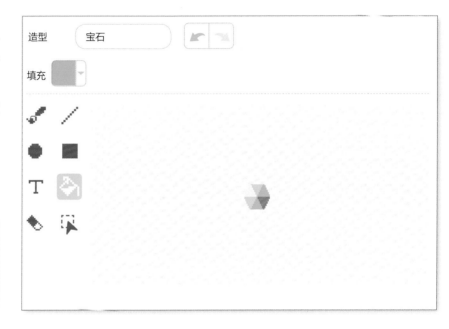

把角色命名为"宝石"

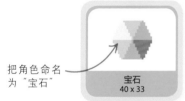

宝石
40 x 33

29 创建两个变量："红车宝石数""蓝车宝石数"（两个都是适用于所有角色），用来记录每辆车收集了多少宝石。现在，给宝石角色添加如下代码，它们和雪球的代码很相似。

```
当接收到  准备▼

将  红车宝石数 ▼  设为  0

将  蓝车宝石数 ▼  设为  0

移到最  前面 ▼

隐藏
```

当游戏开始的时候，这些指令块会重置分数

```
当作为克隆体启动时

移到 x:  在 (−200) 到 (200) 之间取随机数   y: (180)

将  颜色▼  特效设定为   在 (−100) 到 (100) 之间取随机数

显示
```

这个指令为宝石克隆体随机选定一个颜色

30 添加如下代码，让宝石沿着公路移动，并能更新每辆汽车收集到的宝石数量。把声音"Fairydust"添加到宝石角色中，每次汽车收集到宝石时，就播放一次。

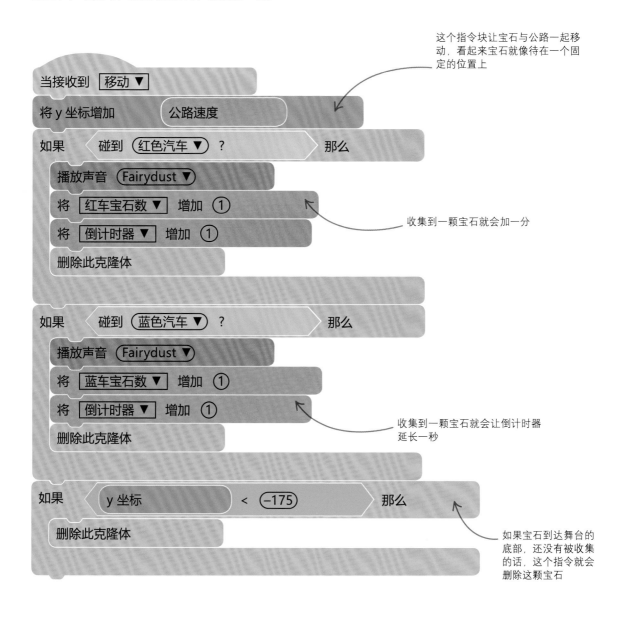

这个指令块让宝石与公路一起移动，看起来宝石就像待在一个固定的位置上

当接收到 [移动 ▼]

将 y 坐标增加 [公路速度]

如果 〈 碰到 (红色汽车 ▼) ? 〉 那么
　　播放声音 (Fairydust ▼)
　　将 [红车宝石数 ▼] 增加 ①
　　将 [倒计时器 ▼] 增加 ①
　　删除此克隆体

收集到一颗宝石就会加一分

如果 〈 碰到 (蓝色汽车 ▼) ? 〉 那么
　　播放声音 (Fairydust ▼)
　　将 [蓝车宝石数 ▼] 增加 ①
　　将 [倒计时器 ▼] 增加 ①
　　删除此克隆体

收集到一颗宝石就会让倒计时器延长一秒

如果 〈 y 坐标 < (−175) 〉 那么
　　删除此克隆体

如果宝石到达舞台的底部，还没有被收集的话，这个指令就会删除这颗宝石

31 选定游戏循环角色，在"当接收到移动"代码中，添加第二个"如果……那么……"指令，来创建宝石克隆体。运行游戏，试着去收集宝石。雪球会阻止玩家向上猛冲，还会干扰玩家收集宝石。宝石和雪球一起创造了既平衡又有挑战性的游戏。

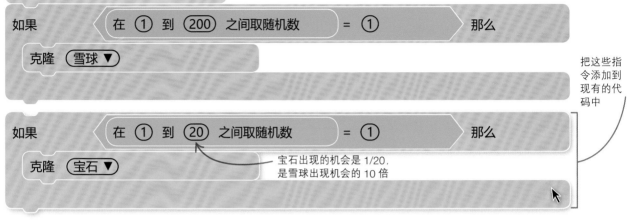

把这些指令添加到现有的代码中

32 你会发现倒计时器从未工作过，这样游戏永远都不会停止。要修正这个漏洞，把右边的代码添加到游戏循环角色中，然后再次运行游戏。当倒计时器达到 0，游戏应该会结束。

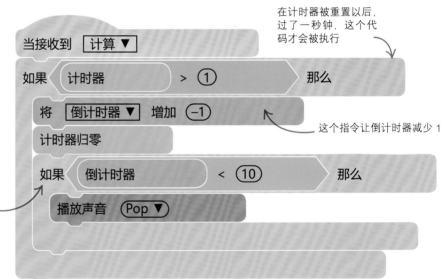

在计时器被重置以后，过了一秒钟，这个代码才会被执行

这个指令让倒计时器减少 1

这个"如果……那么……"指令块会在最后 10 秒的时候，播放"Pop"音效，警告玩家时间快用完了

企鹅裁判

一个正式的开篇和结尾能让游戏看起来更专业。添加一位企鹅裁判，它会询问玩家的名字，启动比赛，宣布胜利者。

33 首先，创建 4 个适用于所有角色的变量："红车驾驶员"和"蓝车驾驶员"用来存放两位驾驶员的姓名；"红车分数"和"蓝车分数"用来显示两位驾驶员在比赛中的成绩。然后，添加"Penguin2"角色，重命名为"企鹅"，让它对玩家说话。最后，从声音库中添加"Gong"音效。

企鹅

34 把这段"准备"代码添加到企鹅角色中。游戏循环使用"广播……并等待"指令块，这样游戏不会开始，它会一直等到玩家输入姓名，并且企鹅喊出"出发！"才开始。

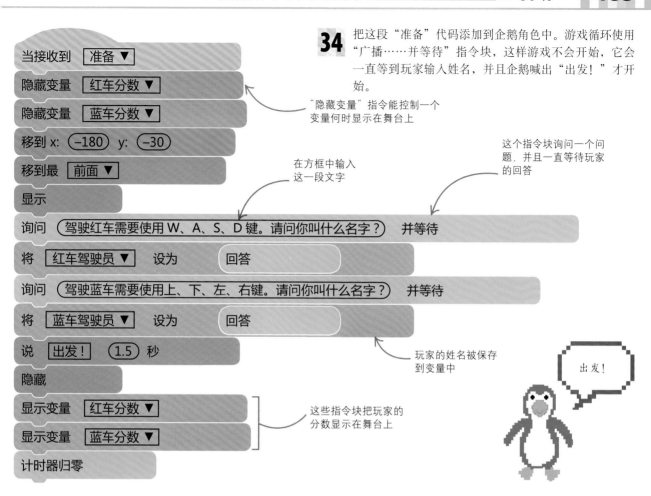

当接收到　准备 ▼

隐藏变量　红车分数 ▼

"隐藏变量"指令能控制一个变量何时显示在舞台上

隐藏变量　蓝车分数 ▼

移到 x: (−180) y: (−30)

移到最　前面 ▼

在方框中输入这一段文字

显示

这个指令块询问一个问题，并且一直等待玩家的回答

询问　驾驶红车需要使用 W、A、S、D 键。请问你叫什么名字？　并等待

将　红车驾驶员 ▼　设为　回答

询问　驾驶蓝车需要使用上、下、左、右键。请问你叫什么名字？　并等待

将　蓝车驾驶员 ▼　设为　回答

玩家的姓名被保存到变量中

说　出发！　(1.5) 秒

出发！

隐藏

显示变量　红车分数 ▼

显示变量　蓝车分数 ▼

这些指令块把玩家的分数显示在舞台上

计时器归零

■ ■ ■ 专家提示

询问和回答模块

一个角色可以在游戏中向玩家提出一个问题，只要使用"询问"指令块就可以实现这个功能。任何输入的信息都会作为答案保存在"回答"指令块中，它可以在其他指令块中使用，和变量的用法一样。

当 ▶ 被点击

询问　仙人掌果汁多少钱？　并等待

下一个造型

思考　连接　回答　和　这不是大白天抢劫吗？

35 给企鹅角色添加如下代码，它能设置变量"红车分数""蓝车分数"的值，这两个变量会出现在舞台上，提示玩家的得分。

在"宝石："的前面加一个空格，这样它就不会和玩家的名字组成同一个词了

当接收到 计算 ▼

将 红车分数 ▼ 设为 连接 红车驾驶员 和 连接 宝石： 和 红车宝石数

将 蓝车分数 ▼ 设为 连接 蓝车驾驶员 和 连接 宝石： 和 蓝车宝石数

36 运行游戏。除了显示"倒计时器""红车分数""蓝车分数"，其他所有变量通通隐藏，方法就是不要勾选变量区中变量前面的小方框。然后用鼠标右键点击红车分数、蓝车分数在舞台上的符号，选择"大屏幕显示"。为了让画面看起来很整齐，把这两个图标拖拽到舞台左上角，把倒计时器拖到舞台的右上角。

新建变量

☑ 倒计时器

☑ 红车分数

☑ 蓝车分数

勾选这个小方框，让变量出现在舞台上

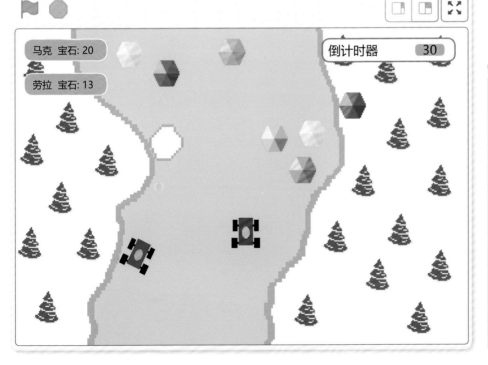

马克 宝石: 20

劳拉 宝石: 13

倒计时器 30

■■■ **术语**

字符串

程序员把一个由单词和字母组成的数据项称为"字符串"。它可以包含键盘上的任何字符，并且长度可以无限长。

37 要让企鹅可以宣布胜利者，添加如下代码。这段代码在一个"如果……那么……否则……"指令块中还有另一个同样的指令块。想一想，有3种可能的结果：红车赢、蓝车赢、平局，把它们弄清楚。

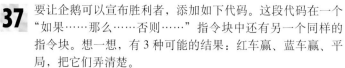

平局！
再来一次。

```
当接收到  游戏结束 ▼
显示
播放声音 (Gong ▼)
移到 x: (0) y: (0)
移到最 前面 ▼
如果 < 红车宝石数 > 蓝车宝石数 > 那么
    说  连接  红车驾驶员  和 (赢了！)
否则
    如果 < 红车宝石数 < 蓝车宝石数 > 那么
        说  连接  蓝车驾驶员  和 (赢了！)
    否则
        说 (平局！再来一次。)
```

在"赢了！"前面输入一个空格

如果红色汽车收集的宝石多，它就是胜利者

一个"如果"指令块放在另一个里面，叫作"嵌套"

如果蓝色汽车收集的宝石多，它就是胜利者

既然剩下的唯一可能性就是平局，那么就不需要添加"平局"指令块了

38 最后，添加一些节奏感强的舞蹈音乐，让游戏更有速度感。把"Dance Around"音乐添加到游戏循环角色中，然后添加右侧这段代码。这是一个循环，额外的循环会减慢程序运行的速度，但是既然它每隔几秒才执行一次，就不会影响游戏的体验。

```
当 ▶ 被点击
重复执行
    播放声音 (Dance Around ▼) 等待播完
```

从声音库中把"Dance Around"添加进来

修正与微调

现在轮到你发挥了！调整游戏，加入你的个性设计。你想把游戏变成什么样都可以：快速、缓慢、难度很大、氛围严肃，或者滑稽可笑。

▽记录自己的声音

你可以用自己的声音在游戏中提示说明。想录制声音，你必须有一台配有麦克风的电脑。选择企鹅角色，然后点击声音标签。接下来，点击麦克风图标，录制一段声音，替换企鹅的"说……"指令块，使用"播放声音"指令块，再选择你的录音就可以了。

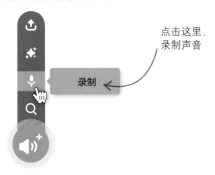

点击这里，录制声音

△改变场景

要改变"冰河竞速"游戏的背景很容易，只要重新画一幅场景就可以了。你可以让玩家穿越沙漠中的峡谷或者森林里的泥泞小路。记得修改雪球，选用合适的障碍物，以配合你的背景。

△游戏指南

记得在 Scratch 中的作品说明页中添加游戏说明。解释清楚这个游戏的目的是收集更多的宝石，而不是比谁先到达终点。给玩家一个友情提示，告诉他们比赛中可以把另一个玩家撞出公路。

▷优化

你可以调整变量"汽车速度""公路速度"和"倒计时器"的值来改变游戏的难易程度，它们都是在游戏开始时设定的。你还可以调整每次撞车后汽车旋转时间的长短，当它们发生碰撞时反弹力的大小，雪球和宝石出现的频率等。努力达到恰当的平衡，让游戏显得很精巧，但是不要太难。

△单人游戏

试验一下这个游戏的单人版，在这个模式中你会和计算机控制的蓝色汽车比赛。先把原来的双人版保存好，以免被破坏。修改蓝色汽车的汽车控制代码，再试玩一下游戏，蓝色汽车会追逐红色汽车，并且撞击它。

$$\boxed{-5} - \left[\boxed{红车宝石数} + \boxed{蓝车宝石数}\right] / \boxed{30}$$

把这些指令块插入 "将公路速度设为 ××" 的第二个窗口

把加法指令块放入除法指令块的第一个窗口，然后把它们插入减法指令块中

当接收到 计算 ▼

将 公路速度 ▼ 设为 -5

将 公路 Y ▼ 增加 公路速度

△追求速度感

为了让游戏更惊险，你可以设置当玩家收集到越来越多宝石的时候，游戏的速度也越来越快。要实现这个效果，只须改变游戏循环角色的 "将公路速度设为 ××" 指令块，在每次收集到宝石后让变量值增加。

■■ 游戏设计

摄像机视角

游戏设计者常常会谈论电脑游戏中的"摄像机"。它指的是屏幕上的图像如何跟随游戏中的行动。这里并没有真正的摄像机，但是你可以想象有一台摄像机在捕捉行为，用不同的方式来展现事态的进行。下面是电脑游戏中一些常见的摄像机视角。

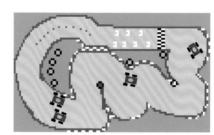

◁固定视角

摄像机从一个固定的点观察所有的行为，它一动不动。本书的大多数游戏使用的是这种简单的摄像机视角，既可以是侧视图也可是俯视图。

△跟随视角

摄像机跟随玩家在游戏中移动。在 "冰河竞速" 中，摄像机跟随汽车，当公路移动时，让汽车保持在视野中。

△第一人视角

这种摄像机展示的画面就像是玩家用自己的眼睛看到的一样。第一人视角让玩家沉浸到游戏的行动中，而不是从远处观看。

△第三人视角

这种类型的摄像机视角是在玩家控制角色的身后。玩家感觉到自己参与到游戏中，还能清晰地看到角色正在做什么。

热带曲调

如何制作"热带曲调"

电脑游戏不仅能锻炼你的快速反应能力，还能挑战思维能力。这是一个脑力游戏，测试你的记忆力有多好。

点击绿旗可以开始一局新的游戏

每次点击了正确的小鼓，你就会得一分

得分　30

游戏的目标

在"热带曲调"中，你需要倾听打鼓的声音，并且尝试重复越来越长的曲调。只要犯一个错，游戏就结束了。你能重复匹配的曲调越长，得分就越高。

◁ 倾听

鼓会演奏一个曲调，开始是一个单一音符，然后每次增加一个新的音符。

◁ 小鼓

要重复游戏中的曲调，点击小鼓就可以了。

◁ 游戏结束

犯了一个错，游戏就会结束。当曲调变得越来越长，游戏就越来越难了。

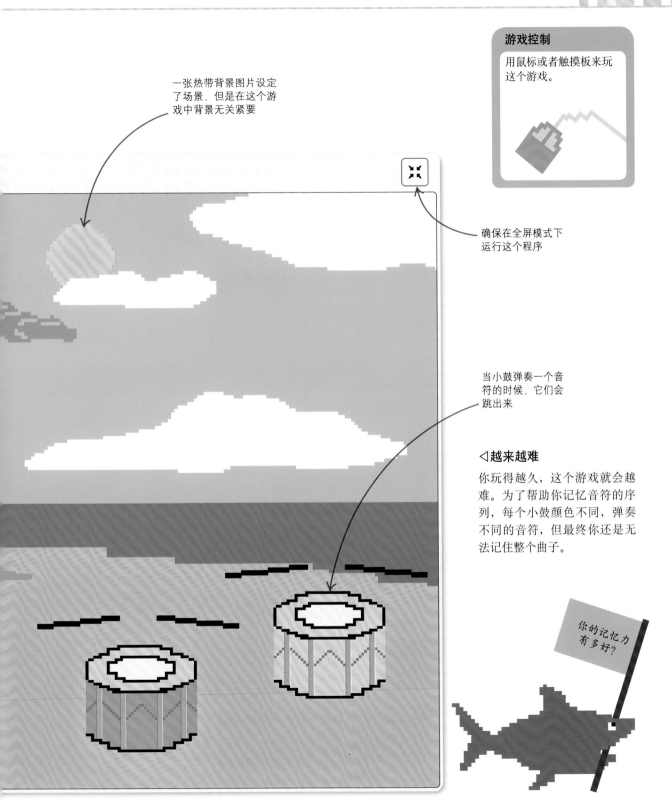

游戏控制

用鼠标或者触摸板来玩这个游戏。

一张热带背景图片设定了场景，但是在这个游戏中背景无关紧要

确保在全屏模式下运行这个程序

当小鼓弹奏一个音符的时候，它们会跳出来

◁ **越来越难**

你玩得越久，这个游戏就会越难。为了帮助你记忆音符的序列，每个小鼓颜色不同，弹奏不同的音符，但最终你还是无法记住整个曲子。

你的记忆力有多好？

做一个小鼓

这个游戏的难度很大，一定要按照提示认真做。第一步，创建一个小鼓角色，编写它的所有代码。完成了这一步，你就可以复制它，创建 4 只小鼓。最后，你将创建一个游戏循环角色，称作"主控者"，它负责打鼓。

1 创建一个新的 Scratch 作品，然后添加或者自己画一幅背景图。热带风情的背景很适合这个游戏。

点击这个图标打开背景图片库

选择一个背景

2 游戏需要 4 只小鼓，但是开始的时候你只需要做一只。删除小猫角色，从角色库中添加"Drum"角色，将它重命名为"小鼓 1"，然后把它拖拽到舞台的左下方。

将角色"Drum"重命名为"小鼓 1"

小鼓 1

两种类型的变量

当你创建变量的时候，会发现有两个选项："适用于所有角色""仅适用于当前角色"。到目前为止，你主要使用的是"适用于所有角色"，但是在这个游戏里，这两个选项都要使用。

3 在你开始编写代码赋予小鼓生命之前，需要先创建一些变量。点击变量区，创建两个适用于所有角色的变量："要击打的鼓""被点击的鼓"。取消前面小方框的勾选。游戏中的每一个角色都可以使用这些变量。

取消方框中的勾选

☐ **被点击的鼓**

☐ **要击打的鼓**

4 现在再添加 3 个变量："鼓的颜色""鼓的音符""鼓的编号"，它们都是"仅适用于当前角色"。这些变量仅仅为小鼓 1 保存信息：它的编号、它的颜色、它弹奏的音符。使用"仅适用于当前角色"选项能让你以后复制角色时，让每一只鼓在这些变量里保存不同的信息。

也取消这些方框中的勾选

☐ 鼓的编号

☐ 鼓的音符

☐ 鼓的颜色

5 首先点击指令块面板左下角，添加音乐，为小鼓 1 编写如下代码。它为小鼓准备编号、颜色和弹奏的音符，以及它发出的声音类型（像一种铁皮鼓）。运行作品，它会设置变量的值，同时你能观察到小鼓已经改变了颜色。

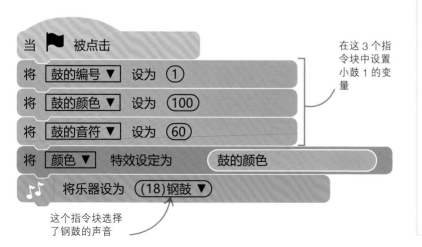

在这 3 个指令块中设置小鼓 1 的变量

这个指令块选择了钢鼓的声音

 术语

变量

对于应用于所有角色和应用于一个角色的变量，程序员有着特殊的术语。

▷ 那些只应用于一个角色的叫作"局部变量"。

▷ 那些应用于所有角色的叫作"全局变量"。

为了帮助你区别二者，在这个游戏中，所有的全局变量都为加粗字体，局部变量则为普通字体。

制作你自己的模块

在"小狗的晚餐"和"冰河竞速"游戏中，你已经知道如何创建自定义 Scratch 模块。在这个游戏里，你需要创建更多的自定义模块。

6 进入指令块面板，选择"自制积木"，点击"制作新的积木"，会弹出一个窗口，输入新模块的名字"打鼓"，点击"完成"。

在这里输入新模块的名字

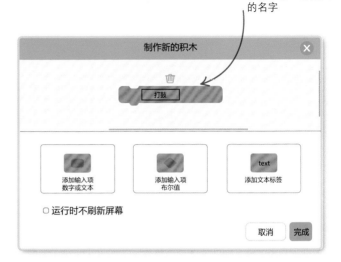

点击这里

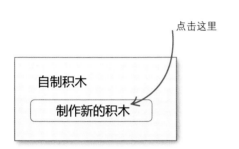

7 接下来，一个新的指令块出现在指令块面板中，同时一个特殊的粉红色头模块"定义打鼓"出现在代码区。

8 在"定义打鼓"指令块下方编写如下代码。这样，不管你在任何地方使用打鼓指令块，Scratch 都会执行这段代码。这段代码会让小鼓变大一点，弹奏一个音符，然后缩小到和原来一样大。直接点击它，你就可以测试这个新的"打鼓"指令块。

9 现在，把下面简短的代码添加到小鼓 1。在舞台上点击小鼓，测试一下。在测试之前，你需要点击绿色的小旗，设置好变量"鼓的音符"的值。

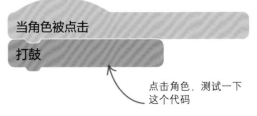

点击角色，测试一下这个代码

遥控小鼓

热带曲调让小鼓演奏一串音符，然后要求玩家正确地重复出来。游戏通过一个"主控者"控制这些小鼓，发送消息给小鼓们，然后等待它们的回答。在你开始制作主控者之前，先给小鼓1编写如下代码，让它可以接受和广播消息。

10 编写这段代码，它将由名为"远程控制"的消息启动。用"当接收到……"指令块的下拉菜单来创建新消息。选择"新消息"，然后输入"远程控制"。

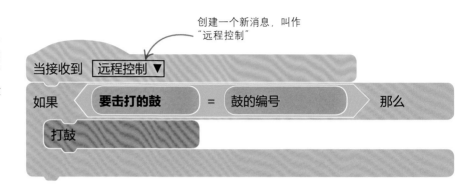

创建一个新消息，叫作"远程控制"

▽它如何工作？

最终我们会有4只小鼓，编号分别是1～4（局部变量"鼓的编号"）。在主控者广播消息"远程控制"之前，它会先把全局变量"要击打的鼓"设定为一只鼓的编号，让它发出声音，然后只有编号相符的鼓会完成击打。我们会在以后添加这些步骤。

这个适用于所有角色的变量会通知哪个小鼓工作

先不要添加这些指令块，我们会在以后使用它们

消息

只有小鼓2开始工作，因为它的变量"鼓的编号"和"要击打的鼓"一致

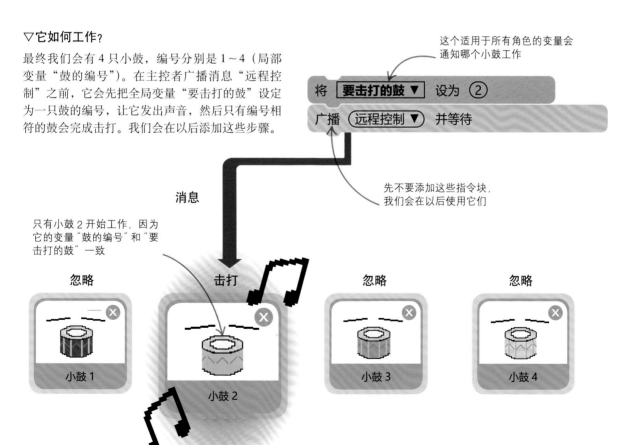

11 当玩家点击了一个小鼓，主控者需要检查他点击的是否正确。要实现这个功能，你需要让被鼠标点击的小鼓做两件事。首先，它要根据自己的编号去修改全局变量"被点击的鼓"；然后要广播一个消息让主控者检查工作。如右图修改小鼓 1 的"当角色被点击"代码。

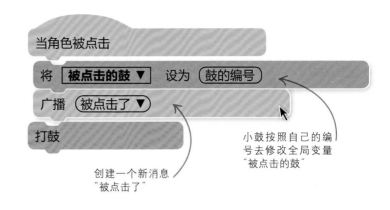

创建一个新消息
"被点击了"

小鼓按照自己的编号去修改全局变量
"被点击的鼓"

4 只鼓

现在你完成了一只小鼓角色的所有代码。你可以把它复制 3 次，创建本游戏所需的全部 4 只鼓。

12 复制小鼓 1 角色 3 次，然后如下图修改 3 个局部变量的值，让每只小鼓有不同的编号、颜色和音符。把所有的鼓在舞台上排列整齐，从 1 号到 4 号。

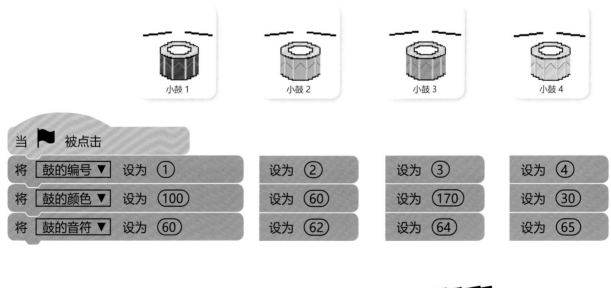

13 现在运行作品。每只鼓应该会变成不同的颜色，依次点击，听听它们的演奏。如果小鼓没有开始演奏，而是被鼠标移动了，可以点击舞台右上角的全屏图标。现在小鼓什么都不会做，但是测试一下，确保工作正常是必要的。

主控者

现在你需要创建游戏的大脑：主控者。主控者会广播"远程控制"消息，让小鼓开始工作，除此之外，它还要做一些别的工作：生成击鼓的序列，玩家必须按照这个序列重复；检查玩家点击的鼓是否正确；记录分数。主控者需要好几段代码来完成这些工作。

14 舞台是安放主控者代码的最佳位置，因为这些代码不属于任何一个角色。在界面右下方，点击舞台。

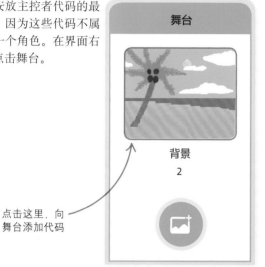

点击这里，向舞台添加代码

15 主控者将跟踪记录不断增长的鼓点序列，把它们存放于一个带编号的列表中。打开变量区，点击"建立一个列表"，把新列表命名为"鼓点顺序"，用于存储打鼓的顺序。勾选前面的小方框，让它显示在舞台上。

勾选这里，让列表出现在舞台上

16 选中舞台，创建这段测试代码，生成一个随机序列，它包含 7 个鼓的编号。这段代码并不是游戏的最终部分（对于真正的游戏来说，代码需要一个接一个地记录音符）。但是，创建这段代码可以让你理解列表如何工作，试验一下所有的鼓。

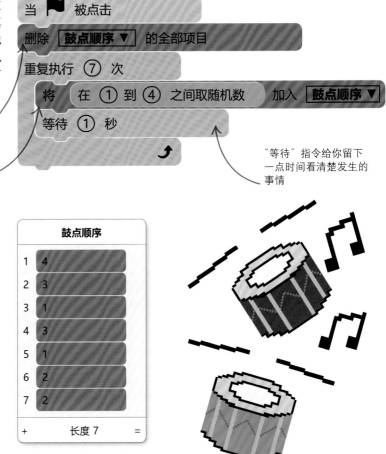

当 ▶ 被点击

删除 鼓点顺序 ▼ 的全部项目

重复执行 ⑦ 次
　　将 在 ① 到 ④ 之间取随机数 加入 鼓点顺序 ▼
　　等待 ① 秒

在测试代码的开头，这个指令会清空列表

这个指令在列表的末尾添加一个随机数

"等待"指令给你留下一点时间看清楚发生的事情

17 运行代码，你会观察到舞台上的"鼓点顺序"列表慢慢被填满。它看起来如右图，但是你的数字可能和书上的不一样。鼓现在还不会演奏，因为还没有指令让它们做这件事。

鼓点顺序	
1	4
2	3
3	1
4	3
5	1
6	2
7	2
+	长度 7 ＝

专家提示

列表

创建列表是一个很棒的信息存储方法，很多编程语言都会使用列表。它们可以用于各种事物，比如积分榜，为角色提供人工智能的复杂计算。在"热带曲调"游戏中，我们使用一个列表来存放数字，你也可以在列表中存放文字。

列表通常都是看不见的，但是你可以像显示变量一样把列表显示在舞台上

你可以使用列表让一个角色随机说出一些句子

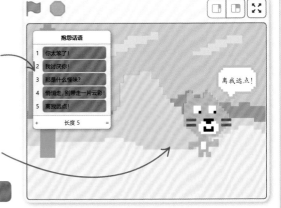

当角色被点击
说 抱怨话语 在① 到 ⑤ 之间取随机数

指挥小鼓

18 确保舞台区仍被选中。现在创建另一个新的自定义模块，叫作"演奏序列"，然后输入右侧的代码。它能够按照顺序演奏列表中的音符，方法是在循环中经历列表"鼓点顺序"的每一项，根据列表中的项设置变量"要击打的鼓"，然后发出"远程控制"消息。你需要创建一个适用于所有角色的变量"计数器"。

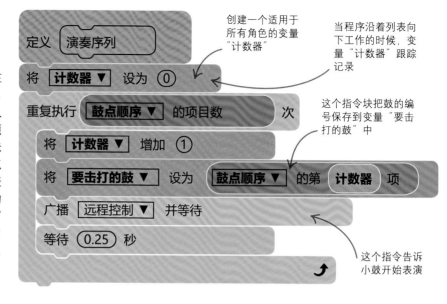

创建一个适用于所有角色的变量"计数器"

当程序沿着列表向下工作的时候，变量"计数器"跟踪记录

这个指令块把鼓的编号保存到变量"要击打的鼓"中

这个指令告诉小鼓开始表演

19 将新的"演奏序列"自定义模块加到测试代码中，测试一下整段代码。

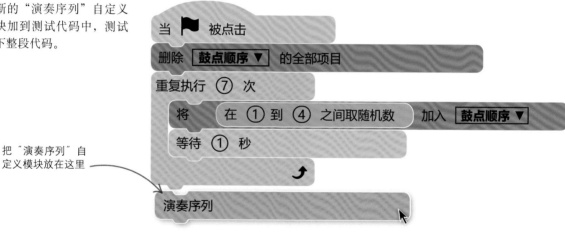

把"演奏序列"自定义模块放在这里

广播指令块

在 Scratch 中有两种广播指令块，它们有不同的用处。

| 广播 (消息 ▼) | 广播 (消息 ▼) 并等待 |

△广播

这个指令块发送一条消息，但是立刻执行下一个指令，不会有丝毫停顿。如果你希望触发一个事件，但是不要停止正在执行的工作，这个指令很好用。比如射出一支箭，但是不要停止正在移动玩家角色的循环。

△广播并等待

这个指令块会广播一条消息，然后一直等到所有接收消息的代码都执行完毕，才会继续执行下一个指令。如果你不希望代码继续运行，而是要它一直等到某些事情做完，这个指令就正合适，比如在这个游戏中的小鼓表演。

20 现在运行代码。注意观察，你会发现当列表"鼓点顺序"中的某一项被代码读取的时候，它旁边的数字会出现，然后会听到和看见小鼓的表演。勾选变量"要击打的鼓"前面的小方框，可以显示"远程控制"消息为每一个音符使用的数字。

勾选变量"要击打的鼓"前面的小方框，让变量显示在舞台上

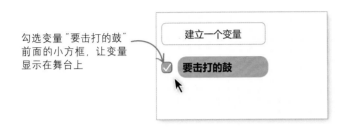

当变量中的一项被读取的时候，它的索引数字会出现

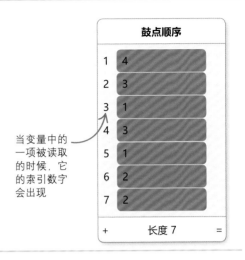

鼓点顺序	
1	4
2	3
3	1
4	3
5	1
6	2
7	2
+	长度 7 =

把音符添加到曲调里

到目前为止，你还只是在测试小鼓。现在，让它们在游戏中表演所需的音符序列。从一个音符开始，每次增加一个音符，玩家必须正确地重复曲调。

创建一个新的变量叫作"得分"

这个指令块在列表的末尾添加一个鼓

创建一个新的自定义模块，叫作"等待玩家"

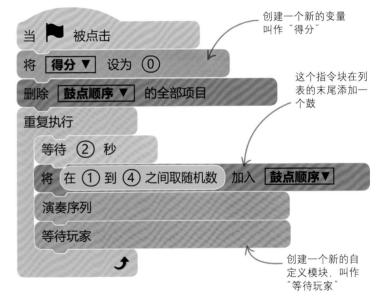

21 测试代码已经没有用了，所以把它替换成右侧的这段代码。你需要创建一个新的自定义模块"等待玩家"，它的代码会在下一步展示出来。你还需要创建一个新的适用于所有角色的变量"得分"，勾选它，让它显示在舞台上。

22 添加一个新的变量，叫作"正确的数量"，用来记录玩家做对了多少次。然后，创建如下代码，它会阻止循环继续，一直等到玩家正确完成了所有鼓点序列。

23 现在运行作品，小鼓会演奏一个音符，然后开始等待。你可以随意点击很多小鼓，但是什么事情也不会发生，因为你还没有给主控者编写代码，让它对消息"被点击了"做出反应。

检查玩家的曲调

现在你需要编写代码，对玩家点击小鼓的动作做出反应。每个点击小鼓的动作都会创建一个"被点击了"的消息，这个消息会触发一段代码，代码会检查哪一个小鼓被点击了，然后记录正确点击的数量。如果玩家点击了错误的鼓，那么代码会广播一个"游戏结束"的消息。

24 在舞台上添加如下代码，发生一次正确的点击，变量"正确的数量"就会增加 1。当小鼓被点击时，它们会表演，并且广播一个"被点击了"的消息，同时把自己的编号记录到"被点击的鼓"中。下面这段代码会被消息"被点击了"触发，如果数字不匹配，那么游戏结束。

这是你点击的鼓的编号

这是列表中记录的鼓的正确编号

创建一个新的消息"游戏结束"

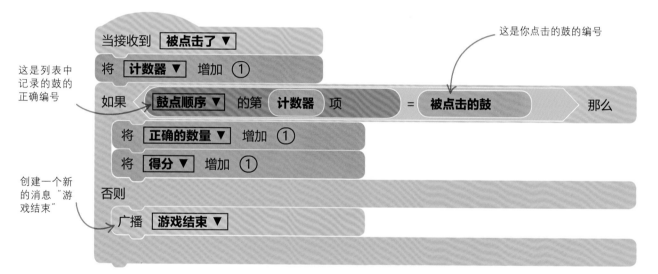

```
当接收到  被点击了 ▼
将  计数器 ▼  增加  1
如果   鼓点顺序 ▼  的第  计数器  项  =  被点击的鼓   那么
    将  正确的数量 ▼  增加  1
    将  得分 ▼  增加  1
否则
    广播  游戏结束 ▼
```

25 在舞台上增加一段游戏结束的代码，你需要从声音库中选择音效"Bell Toll"添加到舞台上。

```
当接收到  游戏结束 ▼
播放声音  Bell Toll ▼  等待播完
停止  全部脚本 ▼
```

26 游戏已经完成了。现在你可以试玩一下，但是记得进入指令块面板上的"变量"组内，取消列表"鼓点顺序"前面的勾选项，否则玩家会看到列表中正确的小鼓编号。

取消方框中的勾选，让玩家无法看见"鼓点顺序"

建立一个列表

☐ 鼓点顺序

▷它如何工作?

这个游戏依赖两条重要的消息,第一条是"远程控制",它告诉一只鼓开始表演;第二条是"被点击了",它告诉主控者有一只鼓被玩家点击了。主控者有一个循环,轮流使用这两条消息来演奏曲调,然后检查玩家的反馈。

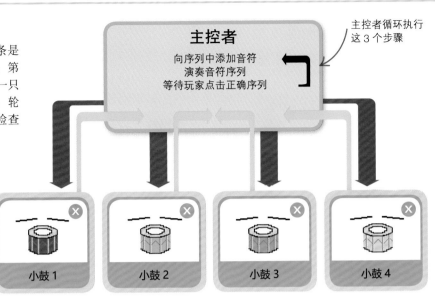

主控者循环执行这3个步骤

主控者
向序列中添加音符
演奏音符序列
等待玩家点击正确序列

"远程控制"消息让小鼓开始表演

"被点击了"消息告诉主控者有一只小鼓被鼠标点击了

小鼓 1　　小鼓 2　　小鼓 3　　小鼓 4

修正与微调

当每个部分都可以顺畅地工作,你可以试着调整一下代码,修改游戏,让它更刺激或者更具挑战性。下面是一些点子。

△会说话的鲨鱼

添加一个鲨鱼角色,它会游上来给你一些提示,可以用"说"指令块让它说话。

▽另一只鼓

添加第 5 只鼓。你需要修改它的编号、音符和颜色,同时要检查所有原来只考虑 4 只鼓的代码,比如主控者代码中随机选取小鼓编号的代码。

14

△回合计数器

创建一个新的全局变量"回合",让它显示在舞台上。在游戏开始的时候把它设置为0,每次玩家成功完成一个音符序列,就把它的数字增加 1(在主控者循环的尾部)。

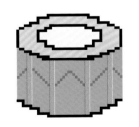

◁游戏结束

增加一个"游戏结束"的标志,或者让鲨鱼游到舞台上,然后说出这句话。

除虫

臭虫（Bugs）就是程序中的错误和漏洞，去掉它们就是除虫。如果一个程序无法正常工作，你要检查是否出现了那些 Scratch 中常见的错误，这些错误我们罗列在下面了。如果按照提示来做，但是有些地方不正常，你应该返回最开始的部分，从前向后检查每一个步骤，可能在你的代码中有一个小小的错误，影响了整个游戏的运行。

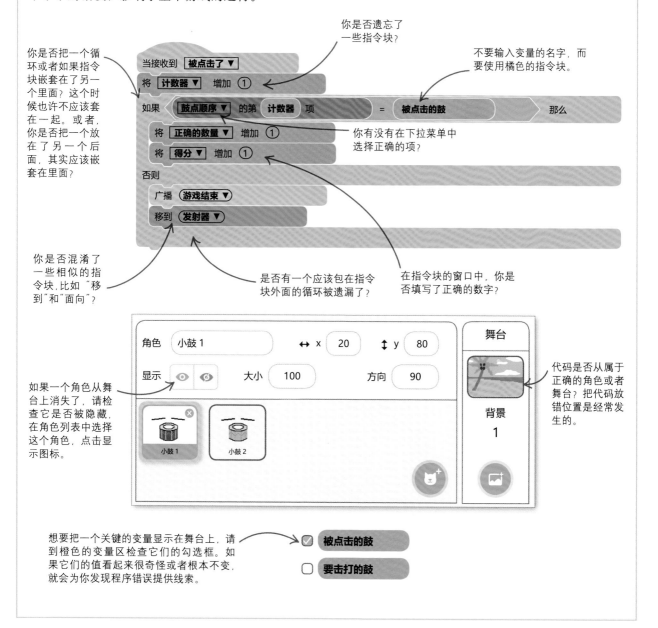

你是否遗忘了一些指令块？

你是否把一个循环或者如果指令块嵌套在了另一个里面？这个时候也许不应该套在一起。或者，你是否把一个放在了另一个后面，其实应该嵌套在里面？

不要输入变量的名字，而要使用橘色的指令块。

你有没有在下拉菜单中选择正确的项？

你是否混淆了一些相似的指令块，比如"移到"和"面向"？

是否有一个应该包在指令块外面的循环被遗漏了？

在指令块的窗口中，你是否填写了正确的数字？

如果一个角色从舞台上消失了，请检查它是否被隐藏，在角色列表中选择这个角色，点击显示图标。

代码是否从属于正确的角色或者舞台？把代码放错位置是经常发生的。

想要把一个关键的变量显示在舞台上，请到橙色的变量区检查它们的勾选框。如果它们的值看起来很奇怪或者根本不变，就会为你发现程序错误提供线索。

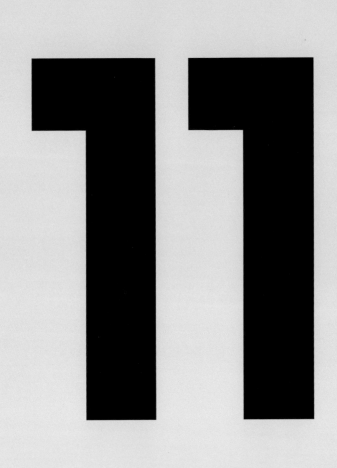

下一步学什么？

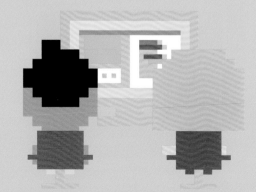

分享与再创作

在 Scratch 网站上你可以看到别人的程序，也可以在自己的游戏中使用这些代码，这叫作"再创作"。Scratch 网站上有几百万个已共享的作品，好好钻研它们，这里是你分享作品、寻找灵感的最佳地方。

探索 Scratch

想要看到其他 Scratch 用户分享的游戏，你需要先进入 Scratch 网站（www.scratch.mit.edu），然后点击"发现"。

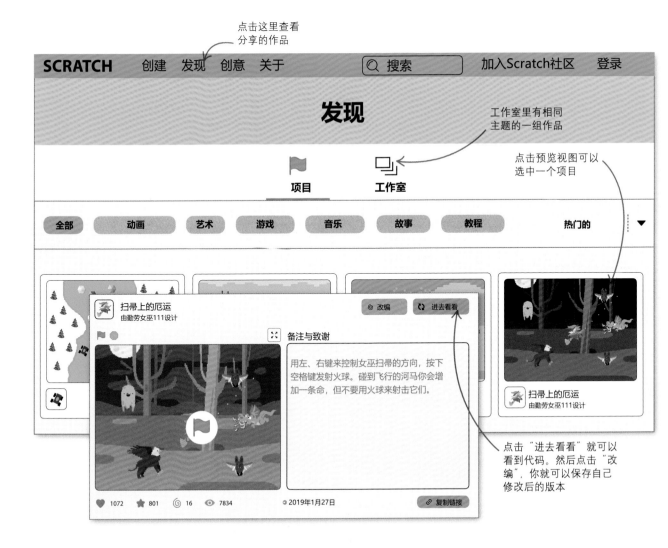

创建自己的游戏

当完成了本书中所有的游戏之后，你可能已经处于灵感迸发的状态。下面这些步骤将告诉你如何开始创作自己的游戏。

1 记录源源不断的灵感

好想法常常突如其来，你需要随时做好准备，在遗忘之前把它们记录下来。不要只是记录关于新游戏的概况，要尽量写下一些细节，比如角色造型、物品、关卡、行为方式等。

2 学习与借鉴

人们都说最好的点子都是"偷"来的。Scratch 允许你从别人那里获取灵感，大胆地去尝试。浏览其他人的作品，保存那些你喜欢的角色、造型、背景、音效、代码，把它们装入书包，便于以后再次使用。

3 编写自己的游戏代码

从基本的部分开始设计。为主要的角色编写代码，让它用你选择的控制方式工作（键盘或者鼠标）。然后，慢慢地搭建，一次增加一个角色，为它编写代码，实现游戏中需要发挥的功能。

4 测试

当你觉得自己设计的游戏很好玩时，就可以邀请其他人来玩了。他们也许能找到你没有发现的错误，因为你对游戏太熟悉了，反而发现不了。修复错误，确保游戏可以顺畅运行。

5 分享作品

点击 Scratch 编辑器顶部的"查看作品页面"按钮，输入具体的文字说明，解释如何玩游戏。然后点击分享，这样全世界都可以玩你的杰作了。太棒了，你现在是一名游戏设计者了！

🔄 查看作品页面

分享

Scratch 进阶技巧

好的程序员会努力编写既容易理解又容易修改的代码。有很多方法可以帮助你改进作品，加深你对 Scratch 的了解。下面就是一些好方法。

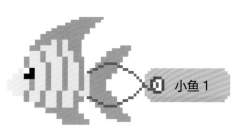

△ **使用清晰的名字**

Scratch 允许你给角色、变量和消息起名字。一定要使用有意义的名字，比如"龙"或者"得分"，这样你的 Scratch 代码才容易让人理解。

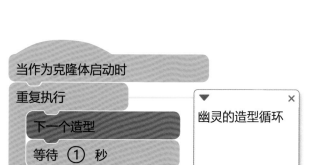

△ **注释**

你可以给任何指令块添加注释，用于解释代码。想添加注释，请将鼠标移到指令块上点击右键，然后选择"添加注释"。注释可以帮你理解以前写的代码。

设定一个变量能让你以后只需要修改一个地方

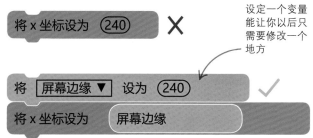

△ **不要有无法解释的数字**

避免编写含有无法解释的数字的指令块。要让你的代码容易阅读，可以添加注释或者使用一个变量，它能够表明自己的用途。

▽ **书包**

在 Scratch 界面的下方你可以看到一个很实用的功能"书包"。它可以用来保存有用的代码、角色、声音和造型，并且可以把它们从一个作品移动到另一个作品中。但是，请记住，你只能以在线的方式使用书包。

拖拽移动一个代码或者角色，就能把它复制到背包里面

书包

声音
尖叫声 2

造型
猴子 - a

背景
水下 - 2

角色代码

教程

你是不是还不太清楚如何使用某些功能？ Scratch 有很多实用的教程来帮助你学习基础知识。

1 点击窗口上方的教程图标会出现一系列项目，选择你感兴趣的。

2 点击一个教程项目开始学习。Scratch 会一步步教你操作，学习概念。

点击这里进入教程库

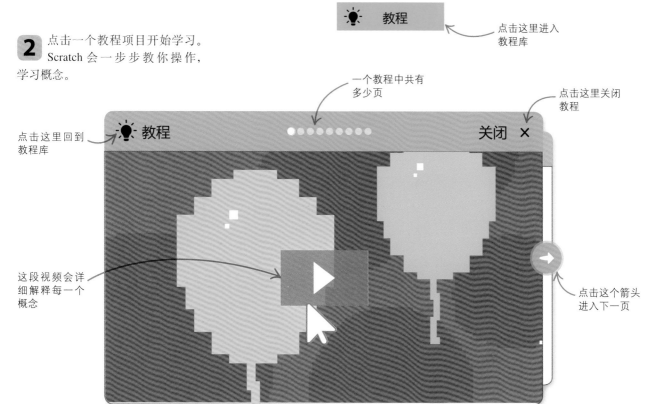

一个教程中共有多少页

点击这里关闭教程

点击这里回到教程库

教程 关闭 ✕

这段视频会详细解释每一个概念

点击这个箭头进入下一页

━━ 专家提示

让你的作品与众不同

如果你只是使用 Scratch 自带的声音、图片，那么所有的作品看起来都差不多。为了显得与众不同，你可以导入自己的图片和声音。

△ **自己的图片**

你可以向 Scratch 中导入任何图片，但是如果作品中有别人的照片，就不能随意分享。你也可以用图像处理程序来生成图片，当然也可以使用 Scratch 自带的绘图编辑器来画图。

相机

点击这里，你可以用相机拍摄一张照片

△ **自己的声音**

你可以用计算机的麦克风来录制自己的音乐或者音效，再用 Scratch 编辑它们。你也可以在互联网上找到很多免费的音乐和音效。

点击这里，可以添加计算机里保存的声音

点击这里，可以录制一段声音

拓展与提升

设计了一些 Scratch 游戏以后，你也许想要拓展视野。全方位利用
获得的知识与经验来提升你的游戏设计和编程能力吧。

游戏设计

让我们从拓展游戏知识开始，你会了解游戏是怎么
创造出来的。下面的实践活动会帮助你提升想象力，
激活大脑。

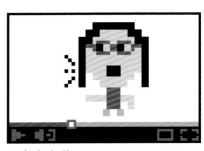

△ 向专家学习

很多游戏设计师喜欢谈论或者写下
他们制作游戏的经验。你可以在视
频分享网站、博客和杂志上找到他
们的建议。

◁ 玩游戏

玩游戏可以激发你设计新游戏的好点子。试玩不
同种类的游戏，观察其他人玩游戏的情况。思考
游戏中哪些行为动作（机制）、规则和目标会构成
一款好游戏。想象一下，你会如何编写代码，实
现游戏中这些不同的部分。

▷ 寻找故事

关于游戏和游戏中角色的灵感常常
来源于故事。下一次，当你看到一
部好电影或者读了一本好书，就可
以想想如何把它变成游戏。

▷ 探索游戏的历史

调查一下游戏的历史。你
可以走访一个游戏博物馆
或者街机游戏大厅。网上
有很多著名的视频游戏，
试玩这些经典的游戏很容
易。

△ 可视化思考

对于游戏设计师来说，可视化思考是极有效的技
巧。练习画出草图或者做出模型。为了帮助自己
完成动画，可以把别人走路的过程拍摄下来，回
放的时候暂停视频，仔细观察他们的动作变化。

◁ 做笔记

用一个笔记本记录有关游戏的想法、
画面、故事和任何其他有趣的东西，
你永远也不知道什么东西以后能派上
用场。你甚至可以开设关于游戏的个
人博客，和朋友、家人分享想法。

编程

要设计电脑游戏，你必须知道如何编程。提高编程水平可以让你制作出更好的游戏。

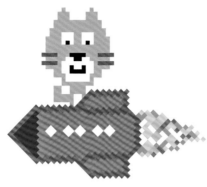

▷ 提升你的 Scratch 技能

尝试学习 Scratch 网站上的教程和帮助信息。学习每一点关于 Scratch 的知识，你一定能编写出超预期的游戏。

△ 一起来编程

加入学校里的编程俱乐部或者自己组建一个。和其他的程序员一起协作完成项目非常有利于扩展你的想象力，提升编程技巧。

▷ 学习另一种编程语言

Scratch 是一个极好的跳板，它有助你学习其他的编程语言，比如 Python 或者 JavaScript。网上有很多编程教案，包括一些专注于游戏开发的例子。Python 有一个非常棒的插件"Pygame"，它能帮助你创建游戏。

△ 使用游戏引擎

你不需要从头开始制作一个游戏，可以借用被称作"游戏引擎"的程序，它能帮你完成很多游戏中的复杂功能。你可以在网上搜索游戏引擎，很多都可以免费试用。

◁ 独立研究

如果你很有技术天分，想要了解更多游戏开发的最新进展，可以学习有关 3D 图形、游戏物理模拟、人工智能等方面的知识。

专家提示

游戏引擎

所谓"游戏引擎"是一个程序包，它包含了制作游戏所需的代码。它的工作方式非常像 Scratch，但是为专业游戏开发者设计的，而不是为初学编程的人设计的。游戏引擎在用于检测输入控制以及控制角色在屏幕上移动时非常方便，还包含了物体碰撞检测和物理模拟的解决方案。游戏引擎还能把游戏转换成控制台版本和手机版本，避免了你重写代码的麻烦。

了解游戏开发的流程

有些电脑游戏是由一个程序员开发的，但是很多游戏都是由一个巨大的团队完成的。电脑游戏产业雇用了成千上万的人。大多数人只专注于游戏开发的某一个部分。

谁制作游戏?

游戏工作室就是一个开发游戏的公司，它们雇用游戏制作专家，组成团队工作。对于一些小游戏，每个人都会做不止一件工作。对于一个大型项目，参与的人可能会有几十个，包括程序员和美工师，每个人只负责游戏中的一小部分。

△ 制作人

负责管理项目和所有工作人员的人称为制作人。他的任务是保证游戏尽量完美。

△ 写手

写手负责编写游戏中的故事和人物。在一个游戏过场里（类似很短的电影片段），写手负责编写角色的台词。

△ 游戏设计师

游戏设计师负责创建游戏中的规则、目标和机制，力图让游戏变得有趣、好玩。让游戏具有可玩性是游戏设计师的主要目标。

◁ 美工师

所有玩家看得见的东西：角色、物品、场景，都是由美工师设计创作的。通常美工师团队在一个首席美工师指导下工作。

 术语

游戏类型

独立游戏 英语是 independent games。这些游戏都是由个人或者小型团体开发的，常常具有那些主流游戏不具备的创新特征。

AAA 游戏 这是指那些最大的游戏，这些游戏预计会卖出几百万份拷贝。一般由大型团队投入数百万美元的预算，花费数月甚至数年的时间来开发、制作。

△ 配乐师

配乐师是专业音乐家，负责编写新的音乐。好音乐对渲染游戏气氛起到了关键作用。

△ 音效设计师

游戏中的音效有助于营造特定场景。音效由音效设计师负责制作。他们还决定如何在游戏中使用配乐师编写的音乐。

△ 程序员

程序员收集整合所有人的好主意和基础材料，然后用它们来编写程序，让游戏运行起来。

△ 测试人员

成天玩游戏听起来就像一个梦幻般的工作，但测试工作是游戏开发中很严肃且重要的部分。测试人员必须一遍又一遍地玩游戏，检查它是否一切正常，是否难度适中。

△ 游戏发行人

有些游戏会有一个发行人——一个为游戏研发付费的公司，它还会进行广告推广，发行销售最终的产品。

游戏开发

在最终版本发布之前，游戏需要经历很多个版本。早期的版本推动游戏从一个基本的创意一直发展成最终完成的产品，这一过程通常要经历如下的步骤。

游戏设计

从砖块到财富

2009 年，瑞典程序员马库斯（Markus）发布了他设计的一款搭建游戏，"我的世界"（Minecraft）的第一版，到 2014年，"我的世界"已经有大约 1 亿注册用户，最后它以 25 亿美金的价格被微软公司收购。

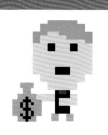

1 原型

原型是游戏的一个实验版本，它是为了检验创意是否可行，游戏是否有趣。

2 Alpha 版本

Alpha 版具备了游戏的所有主要功能，但是也许不能全部运行。在下一个阶段之前，它需要不断改善，修正主要的错误。

3 Beta 版本

Beta 版已经具备游戏中所有的元素，但是需要继续润色，还需要不断测试，发现并修正其中的错误。

4 发布版

发布版是最终的版本，经过充分的测试和错误修正。有些游戏会在 100% 完成之前，向粉丝开放"早期访问"版本进行测试。

享受游戏的乐趣

游戏可以把你带到不同的世界里，体验内心丰富的情感变化，但是
玩游戏和制作游戏中最重要的部分是享受乐趣。

派对时间！

和别人一起玩游戏比一个人玩有意思
多了。为什么不准备一些零食，邀请
周围的朋友一起来玩多人游戏呢？你
也可以邀请他们玩你用 Scratch 做的
游戏，请他们提出修改意见。也许他
们也想要设计一款自己的游戏呢！

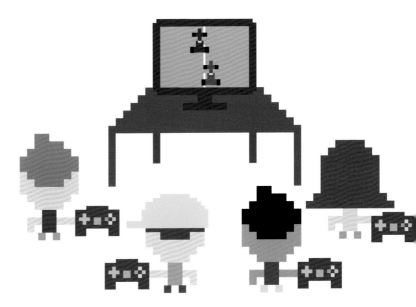

举办一个游戏派对

游戏派对就是一群人聚在一起花一两天的时间，全力以赴从头开始制作
一款游戏。每年，世界各地都会举办很多的游戏派对。有些活动在一个
固定地点举行，更多的活动分布在全世界，并且用互联网连接起来，还
有一些就是完全在线的方式。为什么不在你的家里或者学校搞一个小型
的游戏派对呢？选定一个主题，邀请一位老师或者家长帮助连接电脑网
络、评判、发奖。

▷ **选定一个主题**

游戏派对通常有一个主题，比
如说"跳跃游戏"或者"有蜜
蜂的游戏"，奖金会颁发给最佳
游戏设计者。

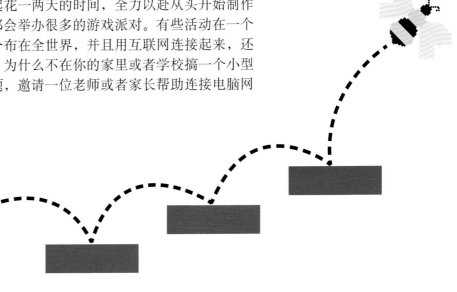

自我挑战

有时候给自己施压是件好事，为什么不给自己设定一项游戏设计的挑战呢？这个挑战可以是任何一种类型，例如 15 分钟完成一个完全可玩的游戏，或者使用字母表中所有的字母来做一个游戏。你也可以撰写日记或者博客来记录自己的经验，或者创建一个 Scratch 工作室分享你的精彩游戏。

寻找或者创立一个编程俱乐部

如果你的学校或者当地图书馆有编程俱乐部，可以请他们开设一些游戏设计和程序设计的课程。为俱乐部中那些对编写游戏有着浓厚兴趣的人设立一个小组。

专家提示

游戏灵感生产者

对有些人来说，设计一款新游戏最难的事情是，想一个关于游戏的创意。这里有一些获得灵感的小技巧。丢 3 次骰子为下面的每一列选定一个数字，然后把每个结果联系起来，产生一个随机的游戏创意。不妨自由地修改这个创意，它只是为了让你的大脑转起来。

游戏类型	场景	特色
1. 迷宫	1. 森林	1. 巡逻的敌人
2. 跳跃	2. 太空	2. 最高纪录
3. 智力题	3. 水下	3. 收集物品
4. 模拟赛车	4. 城市	4. 生命计数器
5. 虚拟宠物	5. 城堡	5. 时间限制
6. 互动故事	6. 海滩	6. 多人游戏

词汇表

编程专业词汇

书包
Scratch 中的一个存储区域，允许你在不同的项目之间复制资源。

背景
在 Scratch 中，出现在所有角色后面的、舞台上的图片。

编程语言
一种给计算机发出指令的语言。

变量
存放数据的地方，其中的数据可以在程序中修改，比如玩家的分数。变量有一个名字和值。

布尔表达式
一个要么真要么假的判断语句，产生两种可能的输出。Scratch 中的布尔指令块是六边形的，而不是圆形的。

操作系统
控制计算机上所有东西的程序，比如 Windows、OSX，以及 Linux。

程序
指令的集合，计算机按照顺序执行这些指令，完成一个任务。

臭虫
一个导致程序不能像预期那样工作的代码错误。臭虫这个词汇来自早期那些钻到计算机电线堆里的虫子，它们引起了计算机故障。

除虫
寻找并纠正程序中的错误。

导出
把一些东西从 Scratch 发送到电脑中，比如导出一个角色或者整个作品，保存为一个文件。

导入
从 Scratch 之外把一些东西加入作品中，比如图片或者声音文件。

递归
程序调用自身的编程技巧称为递归。

动画
快速地改变画面，从而产生移动的幻觉。

分支
程序中的一个位置，此处有两个不同的选项。比如 Scratch 中的"如果……那么……否则……"指令块。

服务器
一个存储文件的计算机，可以通过网络访问它。

过程
完成一个特定任务的代码，就像是程序中的一个程序，也被称作函数、子程序。

函数
执行特定任务的代码，它像是一个程序中的程序，也被叫作过程、子程序。

机制
玩家可以在游戏中采取的行动，比如跳跃、收集物品、隐藏等。

角色
在 Scratch 中指一个舞台上的图片，可以用代码移动或者修改。

代码
在头指令块之下的一系列指令块，按顺序执行。

接口
用户和软件或者硬件交互的方式。参见图形用户界面。

局部变量
只能被一个角色修改的变量。每一个角色的复制品或者克隆体都会有一个不同版本的、分离的变量。

控制台
游戏专用电脑。

库
可以用于 Scratch 程序的角色、造型和声音的集合。

类型
游戏的种类。比如平台游戏和第一人视角射击游戏就是常见的类型。

列表
按照数字顺序存放的数据项集合。

目录
存放文件的地方，让文件整齐有序。

内存
计算机中的一个芯片，用来存储信息。

碰撞检测
当游戏中两个物体发生接触时，编程去检测碰撞的发生。

旗标
一个变量，用于从一个角色或者代码向另一个传递信息。

全局变量
一个变量，可以被一个作品中所有的角色使用和修改。

人工智能
为游戏中的角色（比如敌人）编写程序，让它行动起来就像是有智能一样。

软件
运行在一台计算机中的程序，控制它如何工作。

Scratcher
使用 Scratch 的人。

摄像机
玩家观察游戏的假想镜头。

事件
计算机可以对其做出反应的行为，比如一个按键被按下或者鼠标被点击。

输出
可以被用户观察到的，由计算机产生的数据。

输入
输入到计算机里的信息。键盘、鼠标和麦克风都可以用来输入数据。

数据
信息，比如文本、符号或者数字。

算法
一个一步步执行的指令集合，它们会完成一项任务。计算机程序是建立在算法之上的。

随机
计算机程序中的一项功能，可以产生不确定的输出。在编写游戏时非常有用。

索引编号
列表中每个项的编号。

条件
一个"或真或假"的判断，用来在程序中做一个决定。参见布尔表达式。

头指令块
用来启动一段代码的指令块，比如"当绿旗被点击"指令块。它也被叫作帽子模块。

图形
屏幕上的可视元素，它不是文字，而是图片、图标和符号。

图形用户界面
简称 GUI。程序中的窗口和按钮等部分，你可以看见它们，和它们互动。

网络
一组互相联通可以交换数据的计算机。因特网是一个巨型的网络。

文件
一个有名字、存储数据的集合。

舞台
Scratch 界面中一个类似屏幕一样的区域，作品会在其中运行。

像素
屏幕上组成图形的彩色斑点。

像素艺术
用大块的像素或者方块绘制的画面，模仿早期计算机游戏中的图形样貌。

消息
在角色之间发送信息的方法。

循环
程序中自我重复的那一部分，使用循环可以避免多次输入重复的代码。

硬件
计算机的物理部分，你可以看见、触摸到的东西，比如电线、键盘和屏幕。

游戏派对
一个编程比赛，程序员们努力花最少时间完成最出色的游戏。

游戏物理模拟
在游戏中，通过编程实现力的作用效果以及物体的碰撞。

游戏循环
这是一个循环，它控制游戏中发生的每一件事情。

游戏引擎
一个程序包，帮助程序员们开发游戏。这个程序包是一些已经做好的代码，能实现很多常见的游戏功能，比如动画、控制和游戏物理模拟。

语句
程序语言中可以被拆开的最小完整指令。

运算符
一个可以对数据进行处理并输出结果的 Scratch 指令块，比如检查两个值是否相等，把两个数字相加，等等。

运行
让一个程序开始启动的命令。

造型
角色显示在舞台上时所用的图片。快速改变一个角色的造型可以产生动画效果。

整数
一个完整的数。一个整数不含小数点，不能写成分数的形式。

指令块
Scratch 中的一个指令，指令块拼接在一起就组成了代码。

资源
在游戏中使用的所有图片和声音。

子程序
执行特定任务的代码，就像是程序中的程序，也被称作函数或者过程。

字符串
一连串的字符。字符串可以包括数字、字母、符号（比如分号）。

作品 / 项目
在 Scratch 中对于一个程序以及所有相关资源的称呼。

图书在版编目(CIP)数据

编程真好玩 ／〔英〕乔恩·伍德科克等著；余宙华译
. —— 2版. —— 海口：南海出版公司，2020.3
　ISBN 978-7-5442-8073-0

　Ⅰ. ①编… Ⅱ. ①乔… ②余… Ⅲ. ①程序设计
Ⅳ. ①TP311.1

　中国版本图书馆CIP数据核字(2019)第164726号

著作权合同登记号　图字：30-2017-009

Original Title: Computer Coding Games for Kids
Copyright © 2015, 2019 Dorling Kindersley Limited
A Penguin Random House Company
All rights reserved.

编程真好玩
〔英〕乔恩·伍德科克 等 著
余宙华 译

出　　版　南海出版公司　　(0898)66568511
　　　　　海口市海秀中路51号星华大厦五楼　　邮编 570206
发　　行　新经典发行有限公司
　　　　　电话(010)68423599　　邮箱 editor@readinglife.com
经　　销　新华书店

责任编辑　侯明明
特邀编辑　刘洁青
装帧设计　李照祥
内文制作　博远文化

印　　刷　鸿博昊天科技有限公司
开　　本　660毫米 x 980毫米 1/16
印　　张　13.75
字　　数　150千
版　　次　2017年8月第1版　2020年3月第2版
印　　次　2024年10月第14次印刷
书　　号　ISBN 978-7-5442-8073-0
定　　价　108.00元

混合产品
纸张 |
支持负责任林业
FSC® C018179

www.dk.com